KB097855

약보다 디톡스

약보다 디톡스

조윤정 지음

모아북스
MOABOOKS

1. 우리가 매일 먹는 음식속에는
배출되지 않는 '독소'가 쌓여 있다.

많은 질병들은 독소로부터 온다

- 히포크라테스

2. 매일 쌓이는 독소가 우리의
신체 각 부위에 미치는 증세

만성피로와 두통을 일으킨다.

피부를 혼탁하게 하여 건선, 건반, 주름, 알레르기 등 각종 피부질환을 일으킨다.

폐에 자극을 미치고 호흡이 원활하지 않게 한다.

관절의 통증과 강직을 유발한다.

정신 기능을 방해하고 노화를 유발한다.

노화를 촉진한다.

심장을 약하게 하고 스트레스를 준다.

근육의 무력감과 피로 상태를 유발한다.

혹시! 알면서도
놓치고 있지 않으신가요?

3. 장내 유해 독소로 인한 질병

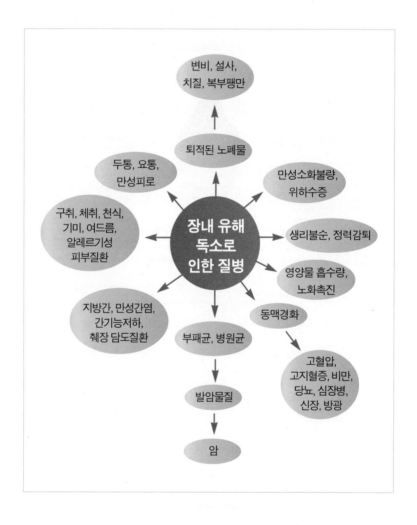

4. 독소만 확실히 배출되면
병은 걸리지 않습니다.

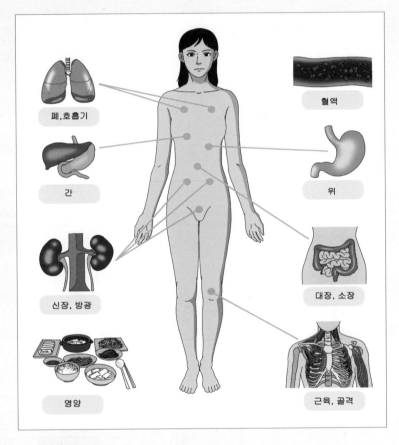

* 배출 경로

- 신장에서 소변으로 배설
- 간에서 담즙으로 배설
- 피부에서 땀으로 배설
- 장에서 대변으로 배설

5. 독소 배출 후 나타나는 내 몸의 변화

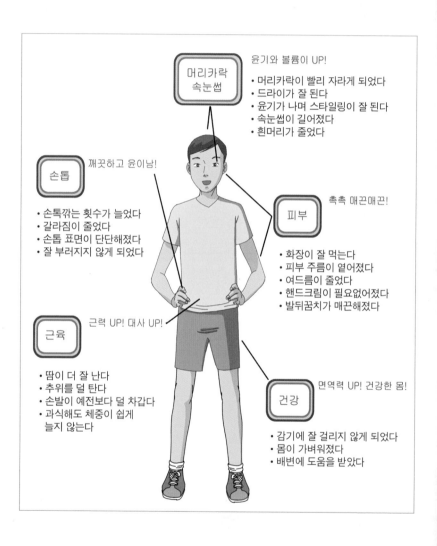

머리카락 속눈썹

윤기와 볼륨이 UP!

- 머리카락이 빨리 자라게 되었다
- 드라이가 잘 된다
- 윤기가 나며 스타일링이 잘 된다
- 속눈썹이 길어졌다
- 흰머리가 줄었다

손톱

깨끗하고 윤이남!

- 손톱깎는 횟수가 늘었다
- 갈라짐이 줄었다
- 손톱 표면이 단단해졌다
- 잘 부러지지 않게 되었다

피부

촉촉 매끈매끈!

- 화장이 잘 먹는다
- 피부 주름이 옅어졌다
- 여드름이 줄었다
- 핸드크림이 필요없어졌다
- 발뒤꿈치가 매끈해졌다

근육

근력 UP! 대사 UP!

- 땀이 더 잘 난다
- 추위를 덜 탄다
- 손발이 예전보다 덜 차갑다
- 과식해도 체중이 쉽게 늘지 않는다

건강

면역력 UP! 건강한 몸!

- 감기에 잘 걸리지 않게 되었다
- 몸이 가벼워졌다
- 배변에 도움을 받았다

지금부터 독소를 배출하기
위한 해독(Detox)에 대해
알려드리겠습니다.
먼저 '머리말' 부터

내 몸 안의 독소가 만병을 부른다

현대인은 누구나 독소에 노출되어 있고 독소를 먹으며 독소와 접촉하며 살고 있다.

아기가 어머니 뱃속에 있을 때부터 이미 산모를 통해 수많은 독소와 접촉하고 있다고도 할 수 있다. 현대인이 접하는 독소는 그 종류도 수천 가지에 이를 정도로 다양하거니와, 독성의 정도도 다양하며 치명적이다.

매 순간 숨 쉬는 공기, 마시고 씻는 물에도 알고 보면 암이나 유전자 변형마저 유발하는 독소가 들어있다. 평상시 생활하는 건물도 사실은 독소를 내뿜는 재료로 만들어져 있으며, 먹는 음식과 피부에 직접 닿는 생활용품에도 그 정체를 알고 나면 생명과 건강에 치명적인 악영향을 끼치는 독성 물질이 포함되어 있음을 확인할 수 있을 것이다. 마시고 씻는 물, 생활하는 집 안, 입는 옷 등에도 생명에 손상을 주는 독성 물질이 들어 있다.

왜 현대인들은 독소에 주목해야하는가?

이러한 독소와 독성 물질에 대한 관심이 증가한 것은 그리 오래 전의 일은 아니다. 특히 현실에 있어서 건강과 질병, 치료와 치유에 대한 개념이 서서히 변화하면서 독소, 그리고 독소를 제거하는 디톡스에 대한 관심이 급속히 증가하였다.

20세기 내내 증상 제거와 인위적 시술에 치중한 서양의학 기술이 급속도로 발전한 것은 인류의 생존과 번영에 크나큰 영향을 끼쳤지만, 그만큼 놓친 부분도 많았음을 전 세계인이 조금씩 자각하게 되었다. 그것은 건강과 치료를 전인적인 관점에서 보지 못하고 장기와 기관의 부분적인 관점으로만 바라보았다는 점이다.

그 결과 이제는 증상 제거가 아닌 질병의 원인과 근본적인 치유에 주목해야 한다는 움직임이 일기 시작했는데 이것이 바로 해독, 즉 디톡스이다. 디톡스란 질병의 근본 원인을 체내 독소로 보고, 몸속의 독소를 중화시키고 제거하고 배출하고 줄이는 모든 요법을 통틀어서 가리킨다.

디톡스는 치유와 회복을 향한 길이다

독소에는 인체 대사활동의 부산물인 내부 독소가 있고, 해로운 음식 성분이나 공기, 물을 통해 사람의 몸 안으로 유입되는 외부 독소가 있다. 어쩌면 이런 독소들은 현대사회를 사는 현대인들로서는 피할 수 없는 필요악 같은 것일지도 모른다. 현실적으로 화학물질이나 오염물질이 전혀 없는 환경에서 사는 것은 불가능하기 때문이다.

그렇다면 어떻게 해야 우리의 건강을 위협하는 독소를 효과적으로 제거하는 디톡스 요법을 실천할 수 있을 것인가?

이에 대한 질문을 던지는 사람들이 많아지면서 우리나라에서도 최근 몇 년 전부터 본격적인 디톡스 열풍이 불기 시작하였다.

우리나라의 디톡스 열풍은 다이어트 트렌드와 건강기능식품 트렌드에도 변화를 몰고 올 정도로 큰 이슈가 되고 있는데, 전 세계적 건강 트렌드와 맞물리면서 결코 일시적인 유행에 그치지는 않을 것으로 전망되고 있다.

디톡스는 모든 질병의 근본적인 치료 원리다

디톡스 열풍이 한때의 유행에 그치지 않을 것이라고 장담할 수 있는 이유는 디톡스라는 것이 결국은 건강의 근원, 치료의 근본 원리를 생각하고 실천하는 건강법이기 때문이다. 몸의 이상 증세를 병원에서 주는 약에만 의존하는 것은 더 이상 한계가 있더라는 것을 더 많은 사람들이 깨닫고 있고, 증상 제거가 아닌 자신의 몸에 본래의 면역 기능 및 해독 기능을 되찾고 유지하여 평생 지속적으로 건강한 삶을 살 수 있다는 것을 주목하고 있다.

진정한 치유란 무엇이며, 이를 위해서는 생활 속에서 무엇을 실천해야 하는가?

이 책에는 바로 이러한 질문에 대하여 디톡스라는 키워드로 답하고 있다. 근본적인 치유를 위해서는 값비싼 약에만 의존하며 시간과 에너지를 소비할 것이 아니라, 그동안 내 몸속에 차곡차곡 쌓아져 있던 온갖 독소를 어떻게 중화시키고 배출하고 줄여나갈 것인지에 대해 생각해보자는 것이다.

결국 디톡스의 측면에서 생각한다면 질병이란 오로지 병원에서만 치료할 수 있는 것이 아니라 지금 생활하고 있는 생활 반경 안에서 매 순간 실천함으로써 치유할 수 있는 것이다. 그래서 디톡스는 건강에 대한 발상의 전환을 아우르는 문제이기도 하다.

이 책을 접한 모든 독자들이 디톡스의 가장 기본적인 원리를 이해하고 일상에서 디톡스를 실천하는 습관을 통해 진정한 치유와 회복의 길로 나아가길 바란다.

조윤정

| CONTENTS |

4장 누구라도 쉽게 따라할 수 있는 디톡스 요법

5장 디톡스 전문가에게 물어봅시다

1장

치료의
새로운 패러다임,
'디톡스 요법'

1. 왜 디톡스인가?

최근 몇 년 전부터 우리사회에서는 '디톡스' 라는 말이 뜨거운 화두로 등장하고 있다. 디톡스란 '독소(toxic)를 제거한다(de)' 라는 뜻으로, 우리 몸의 체내 독소를 제거하는 모든 건강법이나 식이요법을 통틀어 가리킨다. 우리말로 표현하면 '해독' 이다.

디톡스 또는 해독이라는 말은 어느덧 많은 사람들에게 친숙한 용어가 되었다. 여성들이 요요 없는 다이어트를 하고자 할 때, 전문가들이 건강기능식품을 설명할 때, 질병의 원인과 치료를 이야기할 때도 디톡스라는 말을 사용한다. 심지어 많은 유명인들과 할리우드 스타들도 미용과 다이어트, 노화방지를 위해 디톡스 요법으로 효과를 봤다는 내용이 알려지면서 각종 미디어 매체와 SNS를 통해 디톡스의 효능이 널리 소개되었고 대중화 되었다.

인터넷과 시중에도 매우 다양한 종류의 디톡스 요법이 소개되고 있다. 특히 디톡스 혹은 해독이라는 이름이 들어간 건강제품들은 종류를 막론하고 큰 인기를 얻고 있다.

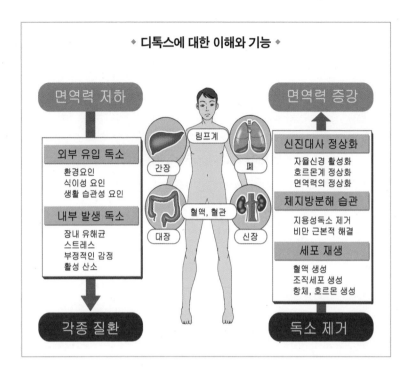

◆ 디톡스에 대한 이해와 기능 ◆

면역력 저하

외부 유입 독소
환경요인
식이성 요인
생활 습관성 요인

내부 발생 독소
장내 유해균
스트레스
부정적인 감정
활성 산소

각종 질환

림프계
간장
폐
혈액, 혈관
대장
신장

면역력 증강

신진대사 정상화
자율신경 활성화
호르몬계 정상화
면역력의 정상화

체지방분해 습관
지용성독소 제거
비만 근본적 해결

세포 재생
혈액 생성
조직세포 생성
항체, 호르몬 생성

독소 제거

우리 몸은 해독 시스템을 갖추고 있다

이처럼 21세기 접어들며 전 세계 건강 분야의 핵심 키워드로 자리 매김한 디톡스는 정확히 무엇을 어떻게 치유하는 요법일까?

디톡스란 말 그대로 몸속의 독소를 빼낸다는 뜻인데, 원래 우리 몸은 스스로 자가 해독 기능을 가지고 있다. 인체는 24시간 매 순간 수많은 종류의 독소로부터 공격을 받고 있다. 이 독소 중에는 세균이나 바이러스도 있고, 오염된 공기나 물도 있다. 특히 우리가 매일 먹는 음식 속에도 미처 다 씻어내지 못한 잔류 농약부터 화학성분에 이르기까지 알고 보면 수많은 독소가 들어있다.

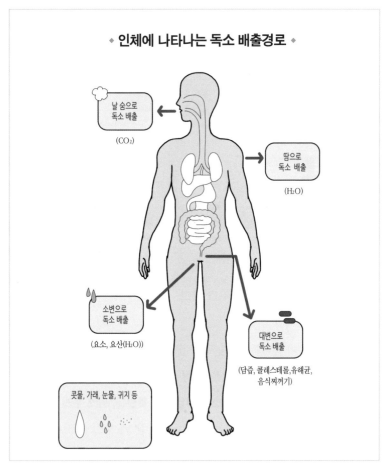

◆ **인체에 나타나는 독소 배출경로** ◆

날 숨으로
독소 배출

(CO_2)

땀으로
독소 배출

(H_2O)

소변으로
독소 배출

(요소, 요산(H_2O))

대변으로
독소 배출

(담즙, 콜레스테롤, 유해균,
음식찌꺼기)

콧물, 가래, 눈물, 귀지 등

출처: 반갑다 호전반응

인간의 몸은 해로운 독소가 외부에서 침투해 들어오면 즉각적으로 방어 태세를 갖추고 스스로 디톡스, 즉 해독을 하여 독소가 침입하기 전의 상태 로 자가 회복을 하는 능력을 갖추고 있는 것이다. 간, 폐, 대장 등은 독소를 해독하는 데 있어 매우 중요한 역할을 하는 장기들이다.

문제는 독소가 너무 많이 침투하는 경우이다. 우리 몸이 원래부터 가지고 있는 해독 시스템이 미처 다 처리하지 못하는 독소는 계속해서 몸속에 남아있게 된다.

독소는 알고 보면 만병의 근원이다

체내에 잔류하는 독소는 그야말로 바로 만병의 씨앗이 된다고 할 수 있다. 몸속에서 미처 배출되지 못한 여러 종류의 독소가 제일 먼저 망가뜨리는 것은 세포, 그리고 각종 장기들이다. 그래서 독소가 몸에 쌓여간다는 것을 대부분은 잘 느끼지 못하고 살 수도 있다.

그러나 망가진 세포의 재생능력이 떨어지고 각 장기의 기능이 떨어지다 보면, 우리 몸은 본연의 해독 시스템이 원래대로의 작용을 잘 하지 못하게 된다. 독소를 자연스럽게 분해하거나 배출하지 못하게 되므로 독소 축적량은 더 많아지고, 그에 따라 세포와 장기, 면역계 시스템에 제대로 작동하지 못하는 악순환이 시작된다. 이때 우리 몸은 왠지 모르게 피곤하거나, 늘 속이 안 좋거나, 감기에 잘 걸리는 등 자각증세를 경험하게 된다. 그래서 독소로 인한 질환들은 대개 대사와 관련된 질환이거나 만성적인 질병으로 이어지는 경우가 많다.

디톡스 요법이란 해독 기능이 저하된 우리 몸을 도와 독소를 원활하게 배출하고 줄일 수 있도록 하는 것을 말한다. 말하자면 인체의 원래의 해독기능을 되살리는 것이 모든 디톡스 요법의 궁극의 목적이다.

독소를 배출하고 제거하는 디톡스 방법에는 여러 가지가 있다. 일정 기간 절식이나 단식을 통해 몸속을 비워내기도 하고, 운동 등을 통해 몸속 독소가 땀으로 배출되게 하고, 해독에 도움 되는 특정 음식이나 영양분을 섭취함으로써 몸의 해독 기능을 높이는 방법을 사용하기도 한다. 전문가들은 디톡스라는 말 자체에만 현혹되지 말고, 디톡스의 원리와 기능을 제대로 알고 올바른 방법으로 해독을 해야 한다고 권유한다.

• **가공음식에 가장 많이 함유되어 있는 독성 식품첨가물의 종류**

- 산화방지제 (지방 성분의 산화를 막음)
- 합성향신료, 합성착향료 (가공식품의 향을 강화)
- 합성감미료 (설탕보다 몇 백 배 단 맛을 냄)
- 식품착색료 (가공식품에 먹음직스러운 색을 가미)
- 합성발색제 (육가공품 등에 자연스러운 색을 냄)
- 방부제 (식품의 부패를 방지)

• **실내 공기에서 인체로 유입되는 독성 성분의 종류**

- 미세먼지
- 이산화탄소
- 포름알데히드
- 휘발성 유기화합물
- 벤젠
- 라돈
- 이소프로판올
- 염화메틸렌
- 부유세균
- 곰팡이

2. 디톡스는 이미 기원전에도 유행했다

병든 몸은 비워야 나을 수 있다

요즘 들어 디톡스가 각광받고 있는 것은 우리 몸을 자연 상태로 되돌려야 건강해질 수 있다는 것을 많은 사람들이 이해하고 받아들이게 되었기 때문이다. 겉으로 드러난 증세를 인위적으로 억제하는 것이 아니라 우리 몸의 본래의 기능을 되살려야 건강을 유지할 수 있기 때문이다.

이러한 건강 트렌드는 인위적인 처치와 증상 제거, 약물치료나 시술에 초점을 맞춰온 서양의학의 한계에서 비롯된 것이기도 하다. 병의 증상을 없애는 것에서 한 발 나아가 우리 몸의 자연치유 기능을 되살리는 것이야말로 진정한 치료의 의미와 가깝다는 것이다. 그래서 우리 몸의 독소를 근본적으로 제거하고, 독소를 스스로 잘 해독하는 몸 상태로 만들자는 디톡스 요법이 동서양을 막론하고 큰 인기를 끌게 되었다.

그런데 사실 이런 디톡스는 최근 갑자기 유행을 끈 최신 치유법은 아니다. 인류는 아주 오래 전부터 몸속을 비움으로써 병을 치료하는 건강법을 알고 실천하고 있었다. 동양에서는 자연 그대로의 상태로 되돌아가 소식하며 심신을 깨끗하게 하는 것을 중요시하였는데, 이것은 현대인들의 디톡스 원리라 할 수 있다. 우리 선조들도 소금이나 숯을 이용해 몸속의 독소를 제거하는 치료법들을 생활 속에서 두루 활용했다.

고대 인류도 디톡스를 알고 있었다

동양뿐 아니라 서양에서도 디톡스 요법은 사실상 수천 년 전인 기원전에도 의학자들이 잘 알고 있던 건강법이자 치료법의 하나였다.

서양의학을 전공하는 의대생들은 의학의 아버지로 부르는 히포크라테스도 위를 비워내는 단식이나 장을 비워내는 관장을 통하여 특정 질병 증상을 치료하는 방법, 또 음식을 제한하고 일정 기간 죽만 섭취하여 속을 다스리는 방법 등을 알고 있었다.

단식과 같은 방법들을 통해 몸속을 비우는 치료법은 지금으로부터 4000년 전의 이집트 기록에도 나와 있을 정도로 일찍이 고대인들이 활용하던 치료법 중의 하나였다.

이처럼 음식을 제한하거나 한 가지 음식만 조금씩 섭취하거나 위장을 비워내는 방법들이야말로 현대인이 디톡스 요법을 행할 때 가장 기본적으로 활용하는 것들이다. 인간은 소화와 배설 기능을 다스리고 몸속의 나쁜 것들을 배출함으로써 증상을 가라앉히고 건강을 되찾을 수 있다는 디톡스 건강법을 오래 전부터 알고 있었다고 할 수 있다.

3. 활성산소를 줄이는 최고의 요법

활성산소는 세포를 망가뜨린다

디톡스 요법의 기본 원리가 체내에 축적된 수많은 종류의 독소를 제거하고 배출하는 것이라면, 그중 가장 문제가 되는 독소는 무엇일까?

독소라고 분류할 수 있는 것에는 세균이나 오염물질, 화학물질 등 여러 가지가 있지만, 우리 몸을 세포부터 공격하여 면역력을 떨어뜨리는 핵심적인 요인으로 꼽히는 것이 바로 활성산소이다.

산소는 인간의 생존에 필수적인 것이지만, 산소가 활성산소로 바뀌고 나면 독소로 작용하여 인체 기관에 해를 끼치게 된다. 몸속에 들어온 산소가 소화를 비롯한 수많은 종류의 대사활동에 쓰이는 도중에 불안정한 상태로 바뀐 것을 활성산소라고 말한다.

이 활성산소는 안정적인 산소가 불안정한 상태로 변한 것이기 때문에 본래의 안정성을 회복하려는 성질을 갖게 된다. 이 과정에서 세포를 손상시키는 것이 바로 활성산소이며 독성의 원인이라 할 수 있다. **우리 몸을 구성하는 가장 기본적인 단위인 세포와 DNA를 손상시키므로**

각 기관의 기능이 저하되고, 노화가 촉진되고, 혈액순환에 문제가 생긴다.

혈관 세포막을 손상시키고 불포화지방산을 이물질로 만들어 혈액에 찌꺼기를 만들게 되므로 고혈압이나 동맥경화, 뇌졸중을 일으키는 원인이 되고, 세포에 문제가 생기므로 암세포가 생기기 쉬운 환경을 만들게 된다.

왜 활성산소가 문제인가?

문제는 환경오염이 광범위하게 일어날수록 인간의 몸은 활성산소의 공격에서 자유롭지 못하다는 점이다. 왜냐하면 오늘날 도시에 사는 현대인은 대기오염과 수질오염 같은 각종 공해, 화학물질, 그리고 정신적 스트레스 속에 살고 있기 때문이다.

최근 우리나라 전역에서 심해진 미세먼지와 대기오염, 자동차 배기가스, 농산물과 축산물에 이미 함유되어 있는 항생제와 농약, 살충제 등은 인체 내부에 활성산소를 많이 발생시키는 주요 원인들이다. 각종 화학물질과 방부제와 식품첨가제가 들어있는 식품들도 활성산소를 만들어낸다.

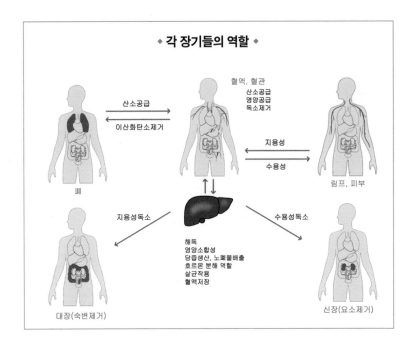

◆ 각 장기들의 역할 ◆

혈액, 혈관
산소공급
영양공급
독소제거

산소공급
이산화탄소제거

지용성
수용성

폐

림프, 피부

지용성독소
수용성독소

해독
영양소합성
담즙생산, 노폐물배출
호르몬 분해 역할
살균작용
혈액저장

대장(숙변제거)

신장(요소제거)

과식이나 폭식, 야식 등 현대인의 잘못된 식사습관이 활성산소를 만든다. 인간의 위가 갑자기 많은 양의 음식을 한꺼번에 소화하는 과정에서 필요 이상의 에너지를 써야 하고, 에너지를 쓸 때 보통 때보다 많은 양의 산소가 필요하며, 과도한 산소가 쓰이는 과정에서 활성산소도 많이 생성되기 때문이다.

그래서 체내 활성산소를 줄이고, 활성산소가 많이 발생되지 않는 환경을 몸 안팎으로 조성하는 것은 디톡스 요법의 가장 기본적인 수칙이라고 할 수 있다. 외부 오염물질을 줄이는 것, 가급적 살충제나 농약, 항생제가 들어있지 않은 식품을 섭취하는 것, 가공을 많이 한

식품보다는 자연 그대로의 식품을 먹는 것, 화학물질이나 플라스틱 같은 유해환경으로부터 가급적 거리를 두는 것도 디톡스 요법의 한 방법이다.

현대인의 삶에서 오염이나 화학물질을 완전히 배제시키는 것은 현실적으로 어렵다. 그 대신 몸속 활성산소를 적절히 배출하고 줄이는 기회를 많이 만드는 것이 디톡스의 첫 번째 요건이라 할 수 있다.

4. 치료만으로 병은 낫지 않는다

증세는 우리 몸의 자가해독의 증거

요즘 대부분의 현대인은 질병과 치료에 대한 고정관념을 가지고 있다. 이것은 지난 한 세기 동안 급속하게 발전한 서양의학에 의거한 개념 때문이다. 즉 겉으로 드러나는 이상 증상을 질병이나 질환으로 보고, 치료를 이러한 질병이나 질환으로 인해 초래되는 증세나 통증을 제거하는 것이라고 이해하는 것이다.

예를 들어 **요즘 사람들은 통증이 오면 진통제를 통해 통증을 없애려 하고, 열이 나면 열을 내리는 것만을 치료라고 생각한다. 물론 통증을 없애고 염증을 줄여 증상을 없애는 것은 1차적인 치료법이 될 수 있다. 그러나 병이 생기는 근본적인 원인을 생각해본다면 치료의 개념에 대해서도 좀 더 근본적으로 생각해볼 필요가 있을 것이다.**

여기서 가장 중요한 것은 우리 몸이 원래부터 가지고 있는 자가 치유의 기능, 자가 면역의 기능, 자가 해독의 기능이다. 우리 몸은 놀랍도록 자가 해독 시스템으로 만들어져 있다. 그래서 외부의 병균이나 유해물질로부터 스스로를 보호하기 위한 정교한 체계를 가지고 있다.

증세만 일시적으로 없애는 것은 치료라 할 수 없다

즉 우리 몸이 나타내는 비정상적인 어떤 증상이나 증세들은 인체가 자신을 스스로 보호하고 지켜내기 위해 자가치료를 하고 자가해독을 하는 일종의 과정이다.

예를 들어 감기에 걸려 발열 증세가 나타난다고 치자. 열이 난다는 것은 인체 면역시스템이 제대로 작동하고 있다는 증거이다.

외부에서 침입한 감기 바이러스를 죽이고 제거하기 위해 우리 몸은 평상시와는 다른 비상등을 켠다. 백혈구와 면역세포들이 활발하게 움직이며 바이러스에 대한 공격태세를 취한다. 감기 바이러스를 쉽게 죽이기 위해서는 몸에 열을 내야 한다. 다시 말해 불을 피워서 바이러스를 약하게 만들어 무찌르고 제거하는 것이다.

종합하자면 감기에 걸렸을 때 열이 나는 것은 우리 몸이 스스로를 치료하고 있는 중이라는 뜻이다. 그런데 이때 해열제를 복용할 경우, 우리 몸의 열을 인위적으로 내리게 된다. 열을 내리면 우리 몸은 편하게 느껴지지만, 이것은 감기 바이러스에게도 편안한 환경이 된다는 뜻이기도 하다.

따라서 약을 먹는 것은 증세를 호전시키기는 하되, 겉으로 드러난 증세를 호전시키는 것 자체가 근본적인 치료라고 하기는 어렵다. 왜 냐하면 열을 내어 스스로를 지키려 하는 우리 몸의 고유의 면역반응 을 오히려 억제하는 것이기 때문이다.

치료에 대한 고정관념 이제는 바꿔야한다

어떤 면에서는 해열제나 항생제를 과도하게 투입하여 증세를 없애 기만 하는 것은 사실상 근본적인 치료라고 하기 어렵다. 경우에 따라 서는 병을 키우는 결과를 나을지도 모른다. 우리 몸이 스스로를 치유 하는 고유의 능력을 약화시키기 때문이다.

감기보다 좀 더 심각한 질병이라 할 수 있는 각종 심혈관계 질환, 예를 들어 고혈압으로 인한 증세들도 다른 각도에서 보면 인체의 자 가치료 과정의 하나이다. 고혈압은 혈관의 통로가 좁아져 혈압이 올 라가는 것이다.

혈관 통로가 좁아진 근본 이유는 독소로 인하여 혈액이 탁해지고 끈끈해졌기 때문이다. 통로가 좁아졌기 때문에 혈관의 압력을 높여 야만 혈액이 온 몸 구석구석으로 퍼질 수 있다. 만약 압력을 높이지 않는다면 혈액이 몸 전체에 영양분과 산소를 제대로 전달하지 못하 여 생명이 위독해질 것이다. 이런 측면에서 본다면 고혈압 자체는 오 히려 문제가 아니라 우리 몸의 자가치유 기능이 작동하고 있다는 증거이다.

즉 치료의 근본 개념이 무엇인지에 대해 되돌아보고, 그동안 가졌던 고정관념에서 탈피해야 될 것이다. **우리 몸이 발현하는 모든 통증이나 이상증세는 인체가 스스로를 보호하고, 생명을 유지하고, 무엇보다도 몸속에 침입한 독소를 제거하기 위한 지극히 정상적인 과정이다. 따라서 진정한 치료란 증세 자체를 없애는 것이 아니라, 증세의 근본 원인이 무엇인지를 찾고 증세가 아닌 원인을 없애는 것이다.**

이거 알아요? **몸속에 독소를 쌓는 9가지 나쁜 식습관들**

1. 주 2회 이상의 음주를 한다.
2. 지방이 많거나 기름에 조리한 육류(예:삼겹살, 치킨)를 주 2회 이상 섭취한다.
3. 가공음식(빵, 과자)과 인스턴트식품(햄버거, 냉동식품, 라면 등)을 주 2회 이상 섭취한다.
4. 맵고 자극적인 음식을 선호한다.
5. 과일과 채소를 섭취하지 않는 날이 하루 이상 이어지는 경우가 많다.
6. 과식과 폭식을 한다.
7. 밤 9시 이후의 야식 습관을 가지고 있다.
8. 매일 불규칙한 식사시간과 식사량이 불규칙적이다.
9. 급히 빨리 먹는 습관을 갖고 있다.

5. 디톡스로 만병을 다스릴 수 있다

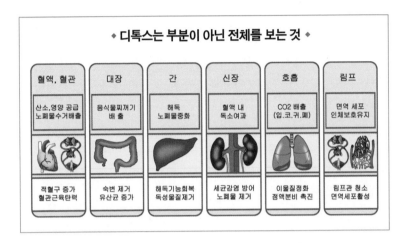

◆ 디톡스는 부분이 아닌 전체를 보는 것 ◆

혈액, 혈관	대장	간	신장	호흡	림프
산소,영양 공급 노폐물수거배출	음식물찌꺼기 배 출	해독 노폐물중화	혈액 내 독소여과	CO_2 배출 (입.코.귀.폐)	면역 세포 인체보호유지
적혈구 증가 혈관근육탄력	숙변 제거 유산균 증가	해독기능회복 독성물질제거	세균감염 방어 노폐물 제거	이물질정화 점액분비 촉진	림프관 청소 면역세포활성

각종 증세와 통증은 우리 몸이 외부에서 침입한 독소를 밖으로 배출하기 위해 가동하는 자가 해독 과정이다.

물론 그렇다고 해서 통증을 무조건 참고, 심각한 증세를 내버려두고, 약을 쓰지 말라는 뜻이 아니다. 통증을 경감시키고 염증을 없애며 증세를 완화시킬 수 있는 적절한 방법을 쓰되, 질병의 진짜 원인인 독소 자체를 없애는 것에 이제는 주목하자는 것이다. 모든 병의 근본 원인인 독소를 제거하면 그로 인한 만성질환이나 온갖 증세들도 사라질 것이기 때문이다.

현대의학은 인류를 치명적인 질병에서 구하고, 과거에 불가능했던 외과적 치료기술의 발전으로 많은 생명을 살릴 수 있게 되었다. 그런데 서양의 현대의학에도 한계는 있다. 건강과 치유의 개념을 너무 지엽적이고 기능적으로만 보는 것이다. 전체가 아닌 부분, 인체 전체의 시스템이 아닌 장기나 기관의 기능에만 주목한다. 그러다 보니 겉으로 드러나는 증세를 없애는 것만을 치료로 보고, 증세를 근본적으로 없앨 수 있는 장기적 관점에서의 진정한 치유에 대해서는 간과하는 경향이 있다.

고인 물을 흐르게 하라

디톡스는 그동안 현대 서양의학에서 다소 등한시했던 치유의 진정한 의미를 되찾자는 것이다. 부분이 아닌 전체를 보고, 증세 자체가 아닌 증세의 원인을 보자는 것이다. 장기나 기관의 기능만이 아니라 몸 전체의 질서와 시스템을 보자는 것이다.

나아가 디톡스는 우리 몸이 고유하게 갖고 있는 자연 그대로의 질서를 따르고 되돌리는 것을 의미한다. 우리 몸이 자연의 질서를 따른다는 것은 독소가 들어와도 그것을 다시 배출할 수 있는 힘을 되찾는다는 것이다. 증세를 없애는 것이 아니라 몸 전체를 치유하는 것이다. 다시 말해 계속해서 건강한 상태가 유지될 수 있도록 우리 몸의 본래의 기능을 살리는 것을 말한다.

흐르지 않는 물은 썩게 마련이고, 물이 썩으면 온갖 세균과 해충이 서식한다. 이 썩은 물에 살충제와 소독약을 퍼붓는다고 해서 맑은 물이 되는 것은 아니다. 이 물을 맑게 하려면 물이 흐르게 해야 한다. 흐르는 물은 자연의 섭리에 따라 끊임없는 자가 정화의 과정을 거치게 된다. 그리하여 시간이 흐르면 자연스럽게 맑은 상태를 회복하고, 온갖 생명이 서식할 수 있는 환경으로 되돌아간다.

병을 다스리려면 독소부터 다스려라

고여서 세균과 해충이 서식하는 썩은 물이 바로 우리 몸이 독소로 인해 병에 걸린 상태라 할 수 있다. 그리고 이 물이 다시 흐르게 되어 맑은 물로 되돌아가게 하는 것이 바로 디톡스이다. 썩은 물에 소독약을 붓는 것은 약에만 의존하는 것이고, 고인 물에 물꼬를 터서 다시 흐르게 하는 것이 바로 디톡스의 진짜 의미이다.

인간이 걸릴 수 있는 질병은 그야말로 다양하지만, 근본 원인을 파고 들어가면 결국은 독소이다. 독소로 인해 피가 오염되고, 장기 기능이 떨어지고, 염증이 생겼을 때가 바로 질병의 진행상태이다.

여기서 말하는 독소란 바이러스나 세균을 뜻하기도 하고, 각종 유해한 스트레스 요인을 뜻하기도 한다. 환경오염이나 해로운 음식, 과도

한 스트레스 등으로 인해 호르몬 분비에 이상이 생기고 교감신경과 부교감신경의 조화가 깨진 상태도 독소가 많아진 상태라 할 수 있다.

모든 치료의 출발점은 디톡스다

특히 혈액에 중성지방이나 나쁜 콜레스테롤이 많아져 혈액이 탁해지고 끈끈해졌을 때 독소가 만성화된 상태가 된 것이라 할 수 있다. 혈액이 끈끈해져 찌꺼기가 많아진 것이 고지혈증이고, 끈끈한 혈액을 순환시키기 위해 혈관 내 압력을 높이는 과정에서 나타나는 질병이 고혈압이다. 혈압이 높아지는 것은 겉으로 보이는 증세이지만, 이 병을 치료하기 위해서는 혈압을 일시적으로 낮추는 것이 아니라 끈끈해진 피를 맑게 해야 한다. 즉 혈압약을 복용하는 것은 증세를 완화시키는 것일 뿐이다.

근본적인 치료를 위해서는 혈압을 낮추고 끝낼 것이 아니라 몸속의 독소를 빼서 피를 맑게 해야 한다. 디톡스를 통해 몸속의 노폐물이 청소되어 혈액이 맑아지면 순환기능이 다시 원활해지고 세포와 각 장기에 영양과 산소가 충분히 공급된다. 그러면 통증을 비롯한 비정상적인 증세가 사라진다. 각종 증세와 통증을 억누르고 없애는 것이 아니라 **독소로 인해 오염된 몸속에서 독소를 제거하고 빼내 정화시키는 것, 이것이 바로 디톡스의 치료 원리이다.**

◆ 디톡스의 기능은 무엇인가 ◆

1. 내 몸속의 찌꺼기(독소) 제거

① 혈액 정화 - 적혈구 증가 - 세포내 산소와 영양공급, 독소제거
② 혈관 청소 - 산화질소 생성
③ 대장 청소 - 숙변제거, 연동운동
④ 간 해독 - 글루타치온 생성으로 해독
⑤ 신장 요로계 청소 - 체액, 사구체
⑥ 림프계 청소 - 대식세포, 냉기, 면역력

2. 인체 신진대사 기능 정상화

① 자율신경의 활성화
② 호르몬계의 정상화, 뇌신경의 정상화
③ 면역력의 정상화

3. 체지방을 태운다

① 지방세포 내에 쌓여있는 지용성 독소를 제거
② 지방 분해를 돕고 분해 습관을 만들어 요요현상을 없앰

4. 세포 재생

① 혈액 생성
② 조직 세포 생성
③ 항체, 호르몬 생성

독소로 발생되는 질환

→ 혈관 → 혈액 혼탁 ⇨ [고지혈증]

→ 혈관 내 압력 증가 ⇨ [고혈압]

→ 피부로 배출 ⇨ [각종 피부질환, 아토피]

→ 동맥 ⇨ [심근경색, 협심증]

→ 뇌혈관 ⇨ [뇌경색]

→ 혈액순환 장애 → 혈관 확장 ⇨ [손발 저림, 수족냉증] ⇨ [생리통, 자궁근종]

→ 두피 혈관 순환장애 → 산소와 영양분 부족 ⇨ [탈모]

→ 세포 → 산소와 영양분 부족 ⇨ [만성 통증(두통, 요통)]

→ 세포 변형 및 비정상적 분열 → 암세포 성장 ⇨ [암]

→ 간 → [지방간]

→ 췌장 → 인슐린 분비 이상, 대사기능 저하 → 당분 및 영양분 과잉 → [당뇨병]

→ 관절 → [류머티즘 관절염]

2장

독소가
우리 몸에 가하는
치명적인 위험성

1. 독소 발생 원인은?

1. 활성산소 축적

산소는 지구상의 모든 생명체와 생명체의 각 기관의 유지에 없어서는 안 될 중요한 요소이다. 그러나 과잉된 산소는 오히려 독소를 만들어낸다.

우리 몸에 들어온 산소가 만들어내는 물질을 활성산소라고 하는데, 이 활성산소가 바로 만병의 근원이 되는 주된 독소이다.

산소는 일단 우리 몸속으로 들어오면 세포로 이동한다. 세포 속으로 침투한 산소는 지방과 탄수화물을 태워 에너지를 만드는 일을 한다. 이것이 바로 대사과정의 중요한 작용이다. 그런데 산소가 대사되는 과정에서 산소의 일부분은 활성산소로 변화한다. 활성산소는 산화물질이다.

이 활성산소가 바로 우리 몸을 공격하는 독소로 작용하는 것이다. 활성산소는 세포를 공격하여 세포의 기능을 떨어뜨리는 유해한 일을 한다. 또한 손상된 세포가 재생되는 것을 방해하기도 하며, 세포를 변형시키기도 한다.

활성산소가 세포를 공격하거나 변형시킬 때 우리 몸이 느끼는 것이 바로 피로감이다. 그래서 만성피로를 느끼는 사람은 몸속에 활성산소가 많이 쌓여 있는 상태라 할 수 있다.

무엇보다 활성산소가 세포를 변형시키는 과정이 누적될 때, 변형된 세포가 암세포가 되기도 하고, 혈관의 기능을 떨어뜨려 각종 심혈관질환을 유발하기도 한다. 세포와 혈관 기능을 떨어뜨리는 활성산소는 그래서 거의 모든 질병의 근본 원인이자, 치명적인 독소라 할 수 있다.

2. 음식 속의 유해물질, 화학물질, 첨가물질

활성산소가 몸속에서 만들어지는 치명적인 독소라면, 몸 밖에서 침투하는 독소 중 가장 치명적인 것은 음식으로 인한 것이다. 그중에서도 각종 화학물질과 식품첨가물은 현대인의 각종 질병을 유발시키는 핵심적인 독소 요인이다.

우리나라의 식품위생법(보건복지부 규정)에 의하면, 식품첨가물의 정확한 정의는 다음과 같다. '식품을 제조, 가공, 보존함에 있어 식품에 첨가, 혼합, 침윤, 기타의 방법으로 사용되는 물질' 이러한 식품첨가물은 또 다시 여러 종류가 있는데, 여기에는 화학첨가물 431종, 천연첨가물 204종, 혼합제제류 7

종 등이 있다. 이를 합하면 총 600여 종에 달한다.

사실상 현대인은 날마다 수십 내지 수백 가지의 식품첨가물을 섭취하며 살고 있다고 해도 과언이 아니다. 무엇을 먹더라도 독소 섭취에서 자유로울 수 없는 것이다. 예를 들어 한국인이 일상적으로 흔히 먹는 라면도 식품첨가물이 포함되어있다. 라면 속에 든 여러 첨가물 중에서 L-글루타민산나트륨을 장기간 섭취했을 시 뇌세포를 손상시키는 치명적인 독성 성분이다.

3. 신체적, 심리적 스트레스

현대인의 몸에 독소를 유발하는 또 하나의 주된 요인은 바로 스트레스이다. 스트레스는 신체적, 심리적인 것을 모두 포함한다. 독소란 물질이나 외부 요인만 의미하는 것이 아니라 정신적 요인으로 인한 호르몬 이상에서 유발되기도 한다.

예를 들어 우리 몸은 극심한 스트레스를 받으면 스스로를 지키기 위해 스트레스 관련 호르몬들이 활발히 분비된다. 염증을 줄이기 위해 스테로이드 농도가 급격하게 올라가고, 각종 스트레스 호르몬들이 분비되며 상호작용을 시작한다. 이러한 호르몬 작용으로 인해 우리 몸은 위험상황에서 스스로를 지키고 대비할 수 있게 된다.

문제는 이런 스트레스 요인이 장기화, 만성화됐을 때 발생한다. 스트레스가 과잉되면 스테로이드를 만들어내는 부신이라는 호르몬 기관이 피로해진다. 부신이 피로해지면 스테로이드 호르몬이 제대로 생성되기 어려워지고, 스트레스를 통해 염증이 생겼을 때 자가치유를 하기 어려워진다. 그 결과 면역력이 떨어지고 염증이 오래 간다. 세포와 기관의 염증이 만성화되면 결국 혈관부터 노화가 가속화되고, 우리 몸은 각종 독소에 더욱 취약한 상태가 되어버리는 것이다.

이거 알아요? **독소에는 두 종류가 있다**

외독소
: 인체 외부에서 침입하는 독소
: 식품첨가물, 화학물질, 농약, 살충제, 전자파, 미세먼지, 공해물질, 방사선

내독소
: 인체 내부에서 생성되는 독소
: 대사과정에서 생성되는 활성산소, 세포를 공격하는 세균과 바이러스가 만들어내는 독소

2. 독소로 인해 유발되는 증상과 질병들

1. 만성피로 증후군

현대인의 가장 흔한 질병인 만성피로 증후군은 일상생활에 지장을 줄 정도의 명백하고 심각한 피로감이 6개월 이상 지속될 때 진단되는 질병이다. 흔히 '자도 자도 피곤하다', '쉬어도 피곤하다' 라는 말을 달고 사는 사람들의 경우 만성피로 증후군인 경우가 많다. 한국의 경우 성인의 10명 중 1명은 만성피로 증후군이라는 통계가 있다.

만성피로 증후군은 단지 피곤한 증상만 있는 것이 아니라 무기력감과 기분 저하가 나타나기도 하고, 위장 기능이 떨어지거나 감기에 잘 걸리는 부차적인 증상을 동반하기도 하다. 특히 만성피로 증후군과 동반하여 나타나는 주된 증상 중 불면증과 우울증은 삶의 질을 저하시키는 요인이 된다.

이러한 만성피로 증후군은 몸속의 독소 축적이 가장 큰 원인이다. 심리적인 스트레스, 먹거리로 인한 유해물질, 공해와 세균, 불규칙한 생활습관 등 다양한 요인으로 인해 독소가 쌓이면 우리 몸은 지속적인 긴장상태가 되고,

각 기관의 기능이 저하되며, 호르몬에 교란이 일어난다. 그 결과 면역력이 떨어지고 질병에 잘 걸리며 '항상 피곤하다'라고 느끼게 되는 것이다.

2. 만성질환

현대인이 일상적으로 시달리는 수많은 증상들의 또 하나의 중요한 특징은 만성질환이 많다는 것이다. 만성질환을 표현할 때 우리는 흔히 '원인이 불분명하다', '신경성이다', '스트레스성이다'라고 말한다.

생명이 위험할 정도로 증상이 심한 것은 아니지만 일상생활을 방해하는 크고 작은 증상들이 낫지 않고, 병원에 가도 원인을 뚜렷이 규명하지 못하고, 치료방법도 딱히 분명하지 않은 모든 증상이 만성질환인데, 이 만성질환을 지속시키는 가장 핵심적인 요인이 바로 독소이다. 몸속에 만성화된 독소가 제거되고 있지 않기에 원인불명의 다양한 증상들이 없어지지 않는 것이다.

현대인의 상당수가 만성질환에 시달리게 된 것은 그만큼 우리 몸을 공격하는 외부의 독소들도 많아졌다는 뜻이다. 독소의 종류가 많아짐으로써 이 독소들을 해독하는 기능에도 한계가 생기는 것이다.

인체의 해독 기능에 한 번 문제가 생기면, 각종 기관의 본래의 기능이 떨어지고, 독소에 취약한 몸 상태가 된다. 독소에 취약해진다는 것은 해독을 할 수 있는 세포와 호르몬이 본래의 역할을 하지 못한다는 뜻이다. 또한 이는 인체 면역시스템의 균형이 깨진다는 뜻이며, 고유의 해독기능이 떨어지는 것을 의미한다.

그런데 각 기관의 기능 저하가 어느 한 군데에서만 일어나는 것이 아니기 때문에 그만큼 원인도 한두 가지로 지목할 수 없게 된다. 이것을 '원인불명이다', '스트레스성이다' 라고 표현하게 되는 것이다.

3. 과민성 대장 증후군

몸속의 독소로 인해 유발되는 또 하나의 대표적인 질병은 바로 과민성 대장 증후군이다. 인구의 15퍼센트나 걸리는 과민성 대장 증후군은 장 기능 저하로 인해 자주 배가 아프고, 묽은 변을 하루 세 번 이상 보거나, 변비가 자주 생기고, 뱃속에 가스가 차면서 더부룩한 불쾌감과 함께 방귀가 비정상적으로 잦아지는 등의 증상들을 동반한다.

과민성 대장 증후군 역시 만성질환 중의 하나인데 특히 스트레스가 주된 요인이며, 그로 인해 대장에 독소가 쌓여 연동운동 기능이 저하되었을 때 생긴다.

대장의 연동운동과 배설기능이 떨어지는 일차적인 원인은 유해균의 비정상적인 증가이다. 갑자기 서구화된 식단, 그중에서도 지나친 육류 섭취, 식품첨가물의 과다 섭취와 섬유질 부족은 장내 유익균은 줄이고 유해균을 늘이는 역할을 한다. 이렇게 해서 장내에 생긴 독소는 장내 벽에 염증을 만들고, 이 염증을 통해 독소가 몸 전체로 퍼지게 된다. 이러한 과정을 설명하는 증상 중에 '새는 장 증후군'이 있다. '새는 장 증후군'은 촘촘한 장내 점막이 독소로 인해 상처를 입고 느슨해져 그 틈으로 독소가 침투하기 쉬운 상태가 된 것을 말한다.

장의 점막조직을 통해 독소가 퍼지면 각종 면역질환, 대장염, 두통, 만성 피로, 피부질환, 알레르기 질환, 관절염 등 거의 모든 만성질환에 취약한 신체가 된다. 또한 독소로 인해 부패된 장 내벽에서 유해한 가스가 만들어짐으로써 유익균과 유해균의 본래의 균형은 더더욱 깨지게 되고, 결과적으로 체내 면역 시스템에 문제가 생긴다. 그래서 장기능에 문제가 생기면 각종 질병에 걸리기 쉬운 상태가 되는 것이다.

장내 독소를 줄이고 과민성 대장 증후군을 치유하기 위해서는 무엇보다 유익균 비율을 정상화시켜 독소를 배출할 수 있어야 한다. 이를 위해서는 섬유질과 유산균을 많이 섭취하는 것이 관건이다. 섬유질은 장운동을 도와 독소를 흡수 및 배출하게 하고, 유산균은 장기능을 활성화시키는 유익균 비율을 정상화시켜준다.

4. 대사증후군

40대 이상 중년층의 3분의 1이 걸려 있다고 하는 대사증후군은 비만, 고혈압, 고지혈증, 당뇨, 심장질환 등을 통틀어 이르는 말이다. 이 대사증후군 역시 그 근본 원인은 혈액과 세포에 장기간 축적된 각종 독소 및 그로 인한 기능 저하이다.

대사증후군이 무서운 것은 한 가지 질환만 나타나는 것이 아니라 대부분 합병증을 동반하기 때문이다. 불시에 생명을 앗아갈 수 있는 뇌졸중, 심근경색 등 치명적인 것들이 많다.

대사증후군의 하나인 비만은 열량을 지나치게 섭취하여 체지방이 과잉된 상태를 일컫는데, 특히 복부에 지방이 쌓이는 복부비만이 위험하다. 복부비만이 생기는 근본적인 원인은 체내 독소이다. 인체에 해로운 독소가 축적되는 부분이 바로 지방이며, 지방에 축적된 독소는 역으로 지방 분해를 방해하기 시작한다. 그래서 한 번 찐 뱃살이 잘 빠지지 않고 만병의 근원으로 작용하는 것이다.

비만을 비롯한 대사증후군을 현대인의 질병이라 일컫는 것은 환경과 생활습관과 스트레스가 독소를 만들어내기 때문이다. 각종 첨가물과 화학물질이 포함된 식단, 불규칙한 생활습관과 스트레스, 고열량 식사와 운동부족, 술과 담배, 생활 속 화학제품이 대사증후군의 원인이 되는 독소를 만든다.

〈대사증후군 진단 기준〉

비만, 고혈압, 고지혈증, 당뇨, 심장질환 중 3가지 이상의 증세
혈압 : 130/85mmHg 이상

혈당 : 110mg/dl 이상
혈중 중성지방 : 150mg/dl 이상
허리둘레 : 90cm 이상

5. 피부질환

몸속에 독소가 쌓여 있다는 또 하나의 빼놓을 수 없는 증거는 바로 피부이다. **도시생활을 하는 사람들에게 점점 더 심각해지고 있는 아토피 피부염이라든가 사춘기가 훨씬 지난 성인 남녀의 얼굴에 극심하게 번지는 성인여드름 등은 그 근본 원인을 알고 보면 독소이다.**

극심한 가려움증으로 고통을 주는 아토피 피부염의 경우 피부뿐만 아니라 호흡기 점막, 안구 점막에도 심한 염증을 동반하며, 흔히 유아기 때부터 발병하기 때문에 아이들은 물론 가족 모두의 삶의 질을 저해한다.

아토피나 성인여드름을 비롯한 만성 혹은 난치성 피부질환은 처음에는 항생제와 스테로이드제로 개선이 되는 것처럼 보인다. 그러나 시간이 지날수록 점점 내성이 생겨 약이 듣지 않고 증상이 오히려 더 악화된다. 또한 자가 치유 능력도 떨어져 악순환이 시작된다. 표면적인 증세만 일시적으로 억제하고 근본 원인 즉 독소를 제거하고 배출하는 치유를 하지 않았기 때문에 치료가 되지 않고 만성이 되는 것이다.

아토피성 피부염은 몸속의 독소, 그 중에서도 특히 장과 폐의 독소와 밀접한 연관이 있다. **장에 독소가 쌓여 장 점막이 손상되고 장기능이 떨어짐으로써 독소가 몸속으로 퍼지면 피부에도 염증반응이 생긴다. 장의 독소로 인해 몸속 기관 전반의 기능이 저하되면 위에서도 소화효소가 부족해지면서 우유나 달걀 같은 단백질을 아미노산으로 분해하지 못하게 되어 그 결과 면역반응이 일어나고 이때 피부질환이 생긴다.**

대개 유아기에 발병하는 아토피 피부염의 경우, 유해한 환경에서 비롯된 독소도 주범이라 할 수 있다. 현대인의 생활환경에서 벗어날 수 없는 온갖 화학물질, 집 건물 자체에서 나오는 독소와 중금속, 오염된 공기, 세제 잔류물 등이 모두 우리 몸을 공격하는 독소의 원인들이다.

만성적 피부질환을 치료하기 위해서는 장기간에 걸쳐 몸속의 독소를 배출할 수 있는 생활습관을 지켜야 한다. 일단 식습관에 있어서 식품첨가물과 화학조미료가 든 음식을 줄이고, 육가공품과 과도한 동물성 지방, 술, 카페인음료, 인스턴트식품, 담배와 같이 독소를 들이붓는 역할을 하는 음식이나 기호품을 끊음으로써 더 이상 독소가 축적되지 않도록 몸의 환경 자체를 바꾸어야 한다.

이거 알아요? 한의학에서 설명하는 만성피로와 피부질환
: '담' 과 '열' 의 문제점

한의학에서도 만성피로 증후군의 원인을 독소에서 찾는다. 각종 원인으로 인해 간의 기능이 저하된 결과, 간의 주된 역할인 해독 기능이 떨어져 더더욱 독소가 쌓이는 악순환이 이루어진다는 것이다.

한의학에서는 이렇게 독소가 쌓이는 것을 담(痰)이라고 한다. 담이 쌓이면 혈액 순환에도 문제가 생기고, 당뇨나 갑상선, 심혈관질환, 암의 원인이 된다. 이때 일차적으로 나타나는 증세가 항상 피곤하고 무력한 만성피로 증후군이다.

한의학에서 설명하는 피부질환의 원인은 '열' 의 순환 문제에 있다. 우리 몸속의 열이 제대로 순환하지 못하고 균형이 깨질 때 그 열이 피부로 몰리면서 피부질환이 생긴다. 인체의 열은 매우 중요한 역할을 하는데, 열이 순환되지 못하고 흐름이 막히면 그것이 곧 독소가 된다.

고이고 막힌 열이 피부로 전달되면서 여러 종류의 피부질환으로 발현된다는 것이 한의학에서 설명하는 열과 독소, 피부질환의 관계이다.

6. 여성질환

최근 여성의 1회용 생리대에 들어 있는 독성 발암물질이 사회적 파장을 일으켰다.

여성의 몸을 공격하는 독소들은 각종 여성질환은 물론이고 난임과 불임의 가장 큰 원인이 된다. 여성의 몸에 직접 닿는 여성제품에 들어있는 화학물질은 자궁과 생식기 기능을 떨어뜨리는 치명적인 독소

이다. 음식과 공기 속의 유해물질들도 각종 여성질환과 불임을 유발한다.

여성의 자궁에 쌓인 독소는 몸 전체의 순환을 방해할 뿐만 아니라 성호르몬의 밸런스를 무너뜨려 배란 장애를 일으키고, 그 결과 불규칙한 생리주기와 극심한 생리통을 유발하며, 장기적으로는 난임과 불임으로 이어진다.

독소로 인한 여성질환과 불임 문제는 단지 여성에게만 문제가 되는 것이 아니라 남성에게도 문제다. 불임과 난임의 원인을 예전에는 여성의 자궁 건강 문제로 보았지만 요즘에는 남성의 생식기능 문제도 함께 보기 때문이다. 유해물질과 환경오염, 스트레스, 전자파, 스트레스로 인해 독소가 쌓이면 남성의 생식기능이 떨어져 정자 생산에 문제가 생긴다. 이때 정자의 숫자가 부족해지거나 기형인 정자가 많아지거나 정자의 운동성이 떨어지면서 임신 가능성도 떨어진다.

불임을 유발하는 독소의 가장 큰 원인 중 하나가 바로 담배이다. 여성이 담배를 직접 피우지 않더라도 간접흡연만으로도 여성의 자궁과 남성의 생식기에 치명적인 독소로 작용하여 임신 가능성을 대폭 떨어뜨린다. 담배뿐만 아니라 미세먼지와 대기 중의 화학물질, 오염물질은 남녀 모두의 생식기능을 떨어뜨리는 독소이다.

유전과 노화로 인한 어쩔 수 없는 현상으로 알려져 있던 탈모가 최근 젊은 연령 층을 중심으로 급속하게 증가하고 있다. 이것은 탈모 역시 환경과 후천적인 영향을 많이 받기 때문이다. 그중에서도 몸속의 독소로 인해 두피에 문제가 생겼을 때 탈모가 유발된다.

특히 청년층과 여성에게서 증가하고 있는 원형탈모의 원인은 십중팔구 몸속의 독소이다. 면역체계의 균형이 깨지고, 스트레스와 해로운 식습관으로 인해 몸의 해독 기능이 떨어지면 나이가 아무리 젊어도 탈모가 생기며 특히 원형탈모 증상이 심각해진다.

젊은 연령대의 경우 잦은 염색이나 퍼머 등으로 독한 화학물질에 두피가 자주 노출되는 것 또한 독소 축적의 원인이 된다. 심지어 평소 아무 생각 없이 쓰는 샴푸와 린스도 그 성분을 따지고 살펴보면 독소의 근원이라는 것을 쉽게 알 수 있을 것이다. 샴푸, 린스, 컨디셔너도 결국은 독성 화학물질들로 만든 것이기 때문이다.

스트레스, 음식과 공기 중의 화학물질로 인해 몸의 균형이 깨지고 호르몬 분비의 균형이 깨지면, 일단 남성호르몬인 안드로겐이 과다하게 분비됨으로써 피지 분비가 촉진된다. 동시에 혈액순환도 원활해지지 못하면서 두피에 산소와 영양분을 제대로 공급하지 못하게 되고, 모공을 통해 유입된 화학물질도 염증을 가속화시킨다. 인스턴트식품 속의 화학첨가물이나 동물성 지방, 육가공품 속의 첨가물들은 두피의 유분 밸런스도 깨뜨려 모공의 힘을 약화시키고 그 결과 머리카락이 빠지는 것이다.

3. 내 몸을 망가뜨리는 3대 독소시스템

우리 몸의 건강 밸런스를 무너뜨리는 독소가 치명적인 이유는, 우리가 실제로 그 독소를 독소로 인식하지 못한 채 흡수하거나 섭취했기 때문이다.

그만큼 독소는 현대인의 일상생활에 만연해 있으며, 미처 주의하기도 전에 생활 속에서 체내로 자연스레 유입되는 경우가 많다. 이처럼 무심코 축적시키게 되는 해로운 독소시스템은 다음과 같은 세 종류가 있다.

1. 음식 속 독소시스템

: 액상과당, 백미, 백색소금, 화학조미료, 흰 밀가루, 트랜스지방 등

액상과당이란?

액상과당은 옥수수 전분을 가공 처리한 것을 말한다. 가공음료에서

단맛을 내는 역할을 하는데, 청량음료, 요구르트, 두유, 커피음료 등 사실상 거의 대부분의 가공음료와 간식에 함유되어 있는 성분이다.

가공과 정제 과정에서 영양소는 없어지고 칼로리만 남는다. 영양소는 없는 체로 체내에서 분해과정을 거치지 않고 그대로 흡수되는데, 특히 액상과당은 설탕보다 훨씬 빠른 속도로 혈당을 올린다. 영양분은 없고 칼로리만 있으며 혈당은 순식간에 올리므로, 몸속 호르몬 분비에 교란을 일으키게 되고 독소로 작용하는 것이다.

백미가 독소가 되는 이유?

건강에 안 좋기보다도 백미의 경우 도정이 많이 되었기 때문에 기본적으로 혈당이 높다. 또한 영양분은 현미보다 적고 칼로리만 있으며 높은 혈당은 몸속 호르몬 분비에 교란을 일으켜 호르몬을 교란시키며 독소로 작용한다.

과다하게 섭취하는 백색 소금이 해로운 이유는?

소금을 알맞게 사용하면 우리 몸에 아주 좋지만 과다하게 섭취할 경우 고혈압이나 각종 성인병, 암 등을 불러오게 된다.

소금을 많이 먹으면 위벽이 헐고 다시 재생하고 또 위벽이 헐고 재생 하는 사이 돌연변이가 침입해 암이 생기는 것이다.

한국인이 암에 잘 걸리는 이유는 맵고 , 짜고 , 자극적인 음식을 먹어서 질병에 노출된다고 한다.

특히 나트륨은 성질상 수분을 끌어당기고 머금고 있기에 순환의 문제도 일으켜서 독소 배출이 원활하기가 어렵다.

화학 조미료가 독소인가요?

화학조미료나 인공 감미료의 경우 소량이지만 화학조미료가 장시간 체내에 쌓이는 경우 신경계를 교란시키는 가장 강력한 독소작용을 한다.

흰 밀가루가 해로운 이유는?

빵과 면 등을 통해 일상적으로 섭취하게 되는 흰 밀가루는 밀의 껍질을 깎아내고 정제한 것이다.

밀 자체는 해로운 곡식이 아니지만, 정제된 흰 밀가루 속에 들어있는 단백질 종류인 글루텐을 글루텐 불내증을 가진 사람이 과다 섭취할 경우, 위장에 염증을 일으키고 피부질환을 유발할 수 있다. 이러한 염증이 만성화되면 우리 몸에는 독소로 작용하게 되는 것이다. 또한 정제된 흰 밀가루는 정제되지 않은 곡식에 비해 혈당을 빠르게 높여 호르몬 시스템을 교란시키는 독소가 된다.

성인병의 원인, 트랜스지방

트랜스지방은 식물성 기름을 가공할 때 생성되는 지방 성분을 뜻하는데, 다양한 인스턴트식품과 가공음식에 함유되어 있다. 액체 상태의 불포화지방을 고체 상태로 만들 때 수소를 첨가하는데 이때 생성되는 지방이 트랜스지방이다.

기름기와 함께 바삭한 식감을 만들어 입을 즐겁게 하지만, 대사질환, 비만, 성인병, 당뇨, 암 발병률을 높이는 강력한 독소이다. 특히 나쁜 콜레스테롤 수치를 높이고 좋은 콜레스테롤 수치는 낮추기 때문에 대사질환과 성인병을 유발하는 대표적인 독소이다.

2. 환경의 독소시스템
: 각종 화학물질

음식 다음으로 치명적인 독소를 제공하는 것은 다름 아닌 우리를 둘러싼 공기, 물, 생활용품, 건물에 들어있는 수많은 종류의 화학물질이다.

우리 몸의 해독 시스템을 교란시키는 화학물질들은 곡식과 채소와 과일에 든 잔류 농약을 비롯해, 소, 돼지, 닭 등 평소에 많이 먹는 육류를 사육할 때 투여하게 되는 항생제와 성장촉진제를 포함하는 것들이다. 가축에 투여하는 항생제와 성장촉진제는 특히 지방에 축적되므로, 이것을 섭취하는 인간의 몸에도 고스란히 독소로 유입된다.

뿐만 아니라 일상생활에서 우리가 매일 쓰는 비누, 샴푸, 화장품, 치약, 일회용품, 플라스틱 식기에도 수많은 종류의 화학물질이 들어 있어 몸속에 침투된다.

실외에서 어쩔 수 없이 흡입하게 되는 미세먼지, 매연, 중금속, 오염물질, 담배연기 등도 몸속에 한 번 들어오면 치명적인 독소가 되어 우리 몸의 시스템을 공격한다.

3. 심리적 독소시스템
: 스트레스와 과로

대부분의 현대인은 매일매일 크고 작은 스트레스를 받으며 산다. 신체적, 심리적 스트레스를 받으면 인체는 아드레날린과 코티솔 등 스트레스 호르몬을 통해 우리 몸을 지키는 일을 하게 되는데, 원래는 스트레스 반응 후에 호르몬 수치가 다시 원래의 수준으로 내려가야 한다.

그런데 인간이 감당할 수 있는 수준 이상의 스트레스를 계속해서 받다 보면, 정상 수준으로 내려가야 할 스트레스 호르몬 수치가 내려가지 못하게 된다. **만성적인 스트레스로 인해 호르몬 교란이 일어나면 우**

리 몸은 스스로 독소를 해독하고 배출하는 기능을 잃어버리게 된다.

그 결과 나쁜 콜레스테롤 수치는 올라가고, 혈당과 혈압이 비정상적으로 올라가며, 독소로 인해 복부지방과 내장지방이 증가하여 각종 만성질환에 시달리는 것이다. 결국 스트레스는 내장지방, 호르몬 교란, 나쁜 콜레스테롤 증가, 혈당과 혈압 올리는 등 독소시스템을 만든다.

4. 디톡스를 위해 피해야 할 음식 7가지

1. 기름에 조리한 음식(튀김, 전 등)

기름에 튀기거나 지진 음식은 독소 덩어리라고 해도 과언이 아니다. **식물성 기름인 식용유는 원래 불포화지방산인데, 이것을 가열할 때 산화지방, 활성산소, 산화질소 등이 발생하고 바로 이런 성분들이 인체에는 독소로 작용한다.** 또한 기름을 가열한 후 공기에 노출되는 시간이 길어질수록 독소의 양은 증가하고, 두 번 이상 재사용하는 식용유의 독소는 더더욱 치명적이다. 즉 디톡스를 위해서는 제일 먼저 기름에 조리한 음식부터 멀리해야 한다.

2. 빵과 면

대부분의 빵과 면 음식은 밀의 껍질을 제거하고 정제한 흰 밀가루, 그리고 베이킹파우더로 만든다. 그런데 정제한 밀가루에도 독소가 들어있을 뿐더러, **밀가루와 혼합해 빵과 면을 만들 때 쓰이는 베이킹파우더에 들어 있는 알루미늄 성분은 장기간 체내에 축적될 경우 염증을 일으키는 독소가 된다.** 따라서 디톡스를 제대로 하기 위해서는 빵과 면을 자주 먹는 습관을 자제하고 횟수도 줄여야 한다.

3. 육가공품(소시지, 햄)

햄과 소시지, 베이컨 같은 육가공품 속에는 육류를 혼합하여 가공하는 데 쓰이는 질산염과 아질산염이 함유되어 있다. 또한 **각종 보존제, 화학물질, 식품첨가물, 색소가 들어간다. 육가공품은 포화지방과 트랜스지방 함량도 높으며, 육가공품을 불에 가열할 때는 미량의 발암물질이 발생한다.** 즉 육가공품 자체에 들어있는 성분들과 육가공분을 가열할 때 발생하는 성분들이 인체에는 치명적인 독소가 되는 것이다. 소시지와 햄을 자주 섭취하면 장내 유해균을 늘려 장 기능도 저하시키게 되므로 디톡스를 위해서는 끊는 것이 좋다.

4. 마가린

마가린은 기본적으로는 식물성 지방이다. 흔히 버터의 대용품으로 많이 쓰이는데, 버터가 동물성 지방인 데 비해 마가린은 식물성 지방이라는 점 때문에 버터보다 몸에 좋은 것으로 생각하는 경우도 많다.

그러나 마가린을 제조할 때 첨가되는 각종 첨가물들을 고려한다면, 버터보다 오히려 더 많은 독소를 제공하는 음식이라 할 수 있다.

마가린은 정제된 식물성 기름과 경화유를 배합한 다음, 색소, 유화제, 향료 등을 혼합해 만든다. 이러한 여러 가지 첨가물이 우리 몸에 독소로 작용하고 특히 트랜스지방 함량이 많으므로 디톡스를 위해서는 마가린을 끊는 것이 좋다.

5. 설탕, 인공감미료

사탕수수와 사탕무를 가공해서 만드는 설탕은 기본적으로 탄수화물 99퍼센트로 이루어져 있다. 그러나 섬유소와 비타민이 없고, 특히 백설탕은 정제 과정에서 표백물질을 첨가하기 때문에 이러한 물질이 독소로 작용한다. 설탕을 과다 섭취하면 미네랄 균형이 깨지고, 중성지방 수치가 올라가며, 비만과 당뇨의 원인이 된다.

설탕보다 수백 배 더 단 맛을 내는 가공제품인 인공감미료에는 칼로리는 없고 단맛은 강력하여 각종 가공음식과 간식종류에 광범위하게 함유되어 있다. 그러나 이 강력한 단맛이 인체에는 독소로 작용한다.

대표적인 인공감미료 중 하나인 아스파탐의 경우 계속해서 섭취했을 경우 마비, 고혈압, 통증, 현기증 등을 유발하는 강력한 신경 독성 물질이 된다.

설탕과 인공감미료뿐만 아니라 콘 시럽, 조미료(MSG), 액상과당, 브롬산염, 색소 등은 디톡스를 위해서는 줄여야 하는 성분들이며, 식재료를 고를 때 반드시 성분을 확인해야 한다.

6. 나트륨

나트륨은 특히 한국인의 식습관에서 가장 문제가 되는 독소이다. 왜냐하면 한국인의 주요 식단인 국, 찌개, 김치, 장류, 젓갈류는 나트륨 함량이 기준치 이상으로 매우 높은 음식들이기 때문이다. 나트륨 섭취량의 통계 수치에서 한국인의 섭취량이 세계보건기구의 하루 섭취 권장량의 두 배를 넘는 이유는 이러한 식단 때문이다.

그 외에도 평상시에 즐겨 먹는 라면, 짬뽕, 냉면, 그리고 어린이들이 먹는 과자와 빵 종류도 나트륨 함량이 매우 높은 음식들이다. 문제는 대부분 사람들의 입맛이 나트륨 함량이 높은 음식에 너무 익숙해져 있다는 점이다.

예를 들어 한국인이 가장 흔히 먹는 음식인 라면에는 하루 기준치의 86%가 넘는 나트륨이 함유되어 있어, 라면 1개를 먹는 것만으로 이미 과도한 나트륨 섭취를 하게 된다. **라면을 비롯한 인스턴트 음식들**

은 나트륨 함량도 지나치게 높을뿐더러, 화학조미료, 각종 식품첨가물이 들어 있어 인체에 해로운 독이 된다.

7. 대형 생선

적당량의 생선 섭취는 건강을 위해 필요하지만, 문제는 생선에 들어있는 중금속과 수은 성분이다. 이러한 성분은 참치, 다랑어, 고래 등 덩치가 큰 생선에 축적되어 있다.

수은은 큰 생선일수록 많이 축적되어 있는데, 특히 가열하지 않고 섭취할 때 인체에 그대로 소화 흡수되고, 한 번 인체에 들어온 수은과 중금속은 쉽게 배출되지 않는다. 수은이 폐와 소화기관을 통해 흡수되어 중추신경계에 쌓이면 더욱 치명적인 독소가 된다.

단, 수은은 가열했을 때 일부 증발하는 성질이 있기 때문에 가급적이면 큰 생선일수록 가열하여 섭취하는 것이 좋다.

이거 알아요? 해로운 독소가 되는 수은, 생각보다 가까이 있다

우리 몸을 공격하는 외부의 독소 중에는 각종 중금속이 있다. 중금속이 체내에 축적되면 쉽게 몸 밖으로 배출되기 어렵고, 장기간 축적되면 신경계, 생식기, 신장, 백혈구와 적혈구 등에 악영향을 끼칠 수 있으며, 치매, 우울증, 기억력 감퇴, 간 손상, 만성피로 증후군 등을 유발하는 원인이 될 수 있다.

중금속 중에서도 수은이 대표적인데, 수은은 의외로 우리 일상생활 곳곳에서 발견할 수 있다. 수은을 지니고 있는 주변의 물질로는 다음과 같은 것들이 있다.

- 치아 보정 물질(아말감, 은)
- 체온계, 온도계, 기압계, 혈압계
- 수은전지
- 낡은 페인트
- 형광등
- 화장품
- 살충제
- 섬유유연제
- 백신에 든 방부제
- 생선(참치, 다랑어 등)

3장

디톡스를 하는
국가와
의사들

1. 미국의 심신의학

대중적으로 인기 끄는 디톡스 요법

미국은 기본적으로 서양의학을 통해 치료를 하는 곳이지만 최근에는 동양의학과 대체의학에 많은 관심을 기울이고 서양의학과의 적절한 접목을 통해 환자의 근본적인 치유를 도모하는 의학자들의 연구와 관심이 늘고 있는 추세이다.

특히 식습관과 생활습관을 바꾸어 몸속의 독소를 배출함으로써 살을 빼고 건강을 되찾는 디톡스 건강법은 유명한 할리우드 스타들을 통해 대중에게 급속히 퍼지면서 크게 각광받고 있는데, 다이어트와 미용을 건강 측면에서 다가가려는 대중적인 관심과 트렌드를 반영하는 것이라고 할 수 있다.

미국 의학계의 디톡스에 대한 관심은 주로 암을 비롯한 난치병 치료 연구에서 기존의 치료법으로는 치유되지 않았던 환자들이 디톡스 치료를 통해 개선되거나 증상이 완화되는 임상 연구를 통해서 대중화되고 있다. 그중에서 심신의학이라는 신 개념의 치료법을 주장하는 암 전문가 칼 사이먼튼은 질병의 물리적 치료뿐만 아니라 심리적 치유에 대해 관심을 갖고 실제로 환자들을 치료하는 의사이다.

인체를 부분이 아닌 전체로 보는 치유법

그가 말하는 심신의학이란 인체의 각 장기를 개별적으로 보는 것이 아니라 모든 장기와 구성성분이 서로 상호작용하는 전체적인 생명체로 보는 것이다. 인간과 자연과 사회의 상호작용, 그리고 신체적, 심리적 상호작용이 건강을 구성하는 복합적인 요소들이라는 것이다.

때문에 **질병이란 결국 어느 하나의 장기만의 문제가 아니라 전체적인 균형이 깨진 것이며, 완전한 치료는 증상을 제거하는 것이 아니라 근본적인 원인을 해결하는 것이다. 이것은 바로 근본적인 원인의 제거와 기능 회복을 원리로 하는 디톡스 치료법과 일맥상통한다.**

칼 사이먼튼은 서양의학의 치료법을 유지하되, 추가적으로 심신의 균형과 생활습관 교정을 통한 통합적 치료 프로그램을 개발한 것으로 알려져 있다. 그가 개발한 암 치료 프로그램에는 식이요법, 운동요법, 심리치료 등이 포함되어 있으며, 비록 암 환자라 하더라도 남은 생의 질을 높일 수 있도록 하였다. 특히 그는 암을 신체 건강 불균형과 부조화의 측면에서 바라보았으나 근본적인 불균형을 고려하지 않은 화학치료와 방사선요법만 사용해서는 근본적인 암 치료를 하기 어렵다는 것이다.

그는 궁극적으로 인체 균형을 되찾고 면역 시스템을 회복하여 암세포가 발생하거나 증식할 수 있는 체내 환경을 만들지 않는 것이 중요하다고 하였다. 균형을 되찾고 원인을 치유하는 암 치료는 결국 디톡스 요법의 핵심 가치를 지향하는 것이라고도 볼 수 있다.

2. 일본의 생태주의 의학

디톡스는 자연으로 돌아가는 것

일본은 서양의학이 기본적으로 발달해 있는 가운데, 서양의학의 약물치료와 외과적 시술만으로는 질병을 근본적으로 치유하는 것에 대해 한계가 있음을 자각하는 의학자들이 새로운 개념의 치유법을 다양하게 적용하고 있다. 그중 대표적인 것이 질병의 예방과 근본적 치유에 관심을 갖고 신체의 균형을 되찾아야 한다고 주장하는 생태 의학 혹은 자연의학의 흐름이다.

서양의학이 증상 제거에 초점을 맞추는 반면, **일본의 생태의학은 어떤 증상을 독소가 인체에 침입했을 때 우리 몸이 그 독소를 제거하고 해독하기 위해 대응하는 자연스러운 과정으로 본다. 즉 비정상적인 것이 아니라 생리적인 방어시스템이 작동하는 것이라고 본다.**

때문에 이러한 관점에서 보면 증상만 제거하려 하는 서양의학의 치료 개념은 오히려 과학적이지 않고 건강을 거스르는 것으로 보고 있다. 독소가 배출되고 인체의 각 조직이 균형을 유지할 때 통증이 없어지고 심신이 조화를 이룰 수 있으며 그것이 진정한 건강이며, 디톡스 요법에서 말하는 건강과도 일맥상통한다.

일본 의사 고오다 미츠오도 서양의학의 약물치료에 대해 한계를 자각하고 자연요법을 통해 건강을 되찾는 생태의학을 펼치고 있다. 신체와 정신은 분리된 것이 아니라 통합된 전체로 보아야 하며, 증상이 나타나면 그것을 당장 없애는 것이 아니라 원래의 상태로 회복하는 방법을 찾아야 한다고 하였다.

이를 위해 생활습관을 바꾸고, 생식이나 절식을 통해 식습관을 관리함으로써, 수많은 말기암과 난치병 환자들이 좋아지고 있다. 식습관과 생활습관 변화를 통한 근본 치유는 디톡스 요법에서 지향하는 치유법과 맥을 같이 한다.

약물치료만으로는 치유를 할 수 없다

생태주의 의학을 주장하는 다케구마 요시미츠 교수는 본인이 간염에 걸려 투병하던 중 식사조절, 즉 절식과 채식 등을 통해 몸속 독소를 제거하고 다양한 자연요법을 통해 병을 치료하고 회복된 경험을 하였다. 현대 서양의학으로는 치료되지 않던 질병이 치유되는 경험을 한 후, 음식 자체뿐만 아니라 음식에 들어있는 해로운 독소 성분에 대해서도 그 중요성을 깨닫게 되었다고 한다.

예를 들어 그는 요즘의 농업이 화학비료 사용과 토양을 산성화로 인해 농산품과 먹거리에 독소 성분이 함유될 수 밖에 없는 현실을 지적하였다. 또한 현대인들이 화학첨가물이 잔뜩 든 음식에 의존하고 자연에서 멀어진 생활습관을 가짐으로써 건강의 균형이 깨지고 난치병에 더 많이 시달리게 되었다고 하였다. 때문에 근본적인 건강을 되찾기 위해서는 좋은 의약품 개발에만 몰두할 것이 아니라 근본적인 문제를 해결해야 한다는 것이다.

그는 서양의학을 기본적으로 활용하되 한국의 한의학을 참고로 하고 다양한 방법으로 자연주의 치료법을 개발하였다. 특히 유기농업으로 농산물을 생산하고, 절식과 소식 등 식이요법을 바꾸며, 약초를 사용하고 기공 수련을 하는 등 자연으로 돌아가는 치유법으로 난치병을 치료하는 연구를 계속하고 있다.

3. 인도의 아유르베다

인체와 우주는 하나다

현대의 디톡스 요법은 각 나라의 고대 전통 의학사상에서도 그 놀라운 뿌리를 찾을 수 있는 경우가 많은데, 그중 대표적인 것이 인도의 아유르베다 의학이다.

역사상 최초로 체계화된 의학으로 알려져 있는 아유르베다는 산스크리트어로 생명(아유르)과 지식(베다)이 합쳐진 말로, 아유르베다 철학에서 말하는 질병이란 인간과 우주의 조화가 비뚤어진 체계에 의해 혼란된 상태가 된 것이고, 인간과 우주가 조화로운 상태가 된 것이 건강한 것이라고 설명한다.

아유르베다 철학에서는 **인간의 두뇌에만 지성이 있는 것이 아니라 몸의 조직과 세포에도 있으며, 인간의 마음과 우주는 따로 떨어진 것이 아니라고 한다. 이것을 현대적으로 표현하자면 생태와 인체의 균형을 되찾는 것이 진정한 질병 치유이고 건강을 향한 길이라는 것이다.**

인도 출신의 의사 디팍 초프라는 이러한 아유르베다 의학과 현대

서양의학을 접목한 대표적인 의사로 꼽는다. 인도 뉴델리 출신으로 미국에서 내분비학을 전공한 초프라는 미국 매사추세츠에서 아유르베다 메디컬센터를 열었다. 그는 아유르베다 의학에 뿌리를 두고, 아유르베다의 명상법을 과학적, 실용적인 체계로 만들어 환자들에게 적용하였다.

건강의 진정한 본질을 추구

아유르베다 의학에 의하면 인간은 자연과 동떨어진 존재가 아니라 자연의 한 부분이라고 한다. 아유르베다에서 강조하는 것은 전체성, 즉 인간과 자연의 조화, 개인과 집단의 조화이며 건강이라는 것도 결국은 생명의 근원과 조화를 이루는 것이다.

그래서 명상을 통해 생명의 근원에 대해 돌이켜보고, 식습관, 생활습관, 행동, 환경에 있어서도 자연 그대로의 균형을 되찾아야 건강을 회복할 수 있다고 보았다. 또한 약초를 활용하고, 정화요법을 사용하는 등 자연의 질서와 섭리에 순응하는 치료기술을 다양하게 활용한다.

한의학에서 환자의 맥을 살피는 것처럼 아유르베다 의학에서도 맥진법을 통해 환자의 몸상태를 파악하고, 증상의 제거보다는 근본 치유와 예방에 중점을 둔다.

만성질환 개선과 행복감 증진

초프라가 추구하는 현대적인 아유르베다 의학은 특히 만성 질환으로 고통받는 환자들에게 큰 효과를 본 것으로 알려져 있다. 실제로 초프라의 메디컬센터에서 진행하는 아유르베다 프로그램을 적용한 만성 질환 환자들의 입원 기간이 줄고, 각종 약물중독 환자들의 증상을 호전시켰으며, 체력과 행복감 증진에 실질적인 도움을 주고 있다는 연구 결과들이 나오고 있다.

건강의 본질을 추구한다는 점에서 아유르베다 의학은 현대의 디톡스 요법에서 중요시하는 것과 일치한다. 디팍 초프라는 자신이 미국에서 전공한 서양의학의 장점을 치료에 적용하되, 인도의 전통 아유르베다 의학을 접목시켜 건강에 대한 개념 자체를 변화시키고 현대 의학의 새로운 틀을 세우며 이를 수많은 임상사례에 활용하고 있다. 그 결과 현재 미국과 유럽에서도 수많은 의학자들이 아유르베다 의학을 접목한 의술을 개발하며 적용하고 있다.

4. 스페인의 천연 해독 제품

내인성 독소와 외인성 독소

우리 몸의 세포는 세포 신진대사 과정에서 생성되는 내인성 독소와 외인성 독소(음식, 공기, 환경, 의약품, 스트레스, 생활습관)에 지속적으로 노출되어 있다. 정상적인 조건에서는 건강한 신체는 어느 정도의 독소는 스스로 제거하고 조절할 수 있는데 이는 개인차에 따라 차이가 있다. 하지만 배출기관(간, 신장, 창자, 폐, 피부, 림프계 등)의 배설 능력이 감소하여 스스로 독소를 해독할 수 있는 한계치를 넘어서게 되면 그때부터 문제가 생긴다. 우선 체내 독소가 축적되어 기능상의 균형에 위협을 가한다.

세포 내 유독성은 세포 변형을 초래하는 주요 원인 중 하나이다. 독소를 가진 분자가 세포 내에 꾸준히 축적됨에 따라, 세포 기능을 저지하여 특정 생리학적 불균형을 초래하게 된다. 이러한 꾸준하고 장기적인 독성은 궁극적으로 DNA의 핵 변형까지 야기한다. 그 결과 우리 몸에 질병과 노화가 촉진되는데, 이렇게 해서 수많은 만성 질병과 면역질환이 생기는 것이다.

독소는 약한 인체에서 더 잘 퍼진다

19세기 생물학자 클로드 베르나르는 질병이란 병균(박테리아, 바이러스)에 의해 야기되는 것이 아니라, 침입자와 맞서 싸우는 능력을 잃은 인체의 내부 환경 혹은 염증 때문에 야기된다고 하였다. 이 염증 상태에 따라 건강 여부가 달려 있는데, 해로운 독소가 염증 환경에서 더 잘 퍼지고 활동하기 때문이다.

그래서 **똑같이 바이러스가 침투해도 어떤 사람은 스스로 잘 회복하는 반면, 염증이 많고 면역력이 약해진 사람은 자가회복을 하기 어려운 것이다. 바이러스는 스스로 방어를 하지 못하고 약화된 인체 내에서 더 신속하게 퍼진다.** 이러한 주장으로 인해 클로드 베르나르는 그와 반대 입장을 고수한 과학자 루이스 파스퇴르와 대립하였는데, 결국 파스퇴르는 임종 직전 "클로드 베르나르의 말이 옳다. 물질이나 미생물 자체가 문제가 아니라 균에 감염된 부위의 상황이 중요하다."라며 클로드 베르나르의 업적을 인정하였다고 한다.

파스퇴르는 세균학 이론을 주창한 유명한 학자로, 질병의 원인을 세균에서 찾고 탄저병과 광견병 백신을 개발하는 등 항생제 개발에 공헌했다. 병균에 감염되지 않도록 위생을 유지해야 한다는 것, 인체의 면역 시스템을 유지해야 한다는 것 등, 오늘날 우리가 익숙하게 알고 있는 건강 개념을 처음으로 주장하였다.

수천 년 역사의 고유 약초를 디톡스 제품으로

이와 같은 면역과 해독 이론에 근거하여 스페인에서는 많은 연구자들이 식물성 천연 해독 제품을 만드는 데 관심을 기울였다. 그중 스페인의 천연 건강제품 제조 기업인 소리아나투랄에서는 식물에서 유래한 디톡스 제품을 개발하여 건강산업에 큰 반향을 일으키고 있다.

소리아나투랄에서 개발한 디톡스 제품은 십자화과 식물의 하나인 '큰키다닥냉이'에서 추출한 성분으로 만들었는데, 이 식물은 놀라운 세포 해독 기능을 갖고 있는 것으로 알려졌다. 스페인 등지에서 자생하는 큰키다닥냉이는 본래 수천 년 전부터 약초로 사용된 식물로 고대 그리스의 약학자 디오스코리데스의 저서에도 언급된 식물의 하나이다. 소리아나투랄에서는 이 식물을 연구하여, 독소로 인한 다양한 질병, 특히 암이나 퇴행성 질환에 이 식물의 해독 기능이 효과적이라는 것을 밝혀내고 디톡스 제품으로 개발한 것이다. 이 식물은 독소 배출을 활성화시키고, 독소가 세포에 축적되는 것을 저지하도록 수용성으로 변화시키며, 활성산소를 중화시켜 몸속 독소를 줄이는 기능을 하는 것으로 알려져 있다.

5. 한국의 디톡스 건강제품

다양한 효능의 디톡스 건강산업 활성화

국내·외에서 유통되고 있는 건강기능식품이 많은 이들에게 각광을 받고 있는 이유는 천연 식물 유래 성분으로부터 종합비타민, 미네랄 성분이 포함되어 있다는 점 때문이다. 전용 농장에서 재배하고 생산한 식물성 원료로 비타민과 미네랄을 만드는데, 이는 여타 합성 비타민과 미네랄의 경우 장기간 섭취 시 오히려 체내에 독소를 축적시킬수 있는 위험이 높다는 점과 대조적이다. 식물성 천연 성분이 면역력 증진과 해독에 중요한 역할을 한다는 점은 최근 들어 더욱 주목받고 있는 추세이다.

한국의 건강산업 중 특히 디톡스의 의학적 효능과 효과에 대한 남녀노소 모두의 관심이 해마다 뜨거워지는 이유는 디톡스가 기존의 다이어트 방법이나 건강요법과는 다른 차원의 해법을 제시해주기 때문이다. 질병이나 비만의 근본 원인을 제거해 인체의 기본적인 기능을 되살리는 것에 초점을 두어 요요없는 다이어트, 건강한 치유의 길을 제시해주는 것은 물론 식품 안전성에 대한 소비자들의 불안과 불신이 높아짐에 따라 천연 디톡스 식품의 원재료에 대한 소비자들의 안목도 까다로워져 각 제품들의 품질도 높아지고 있는 추세이다.

해독의 열쇠는 천연성분에 있다

디톡스와 면역을 위한 건강제품의 성분에 있어서 천연성분을 중시한다는 점은 최근 우리나라의 중요한 건강 트렌드이기도 하다. 왜냐하면 아무리 같은 효과와 목적을 가졌다 하더라도 인공 합성 식품은 천연 제품에는 없는 독소를 인체에 축적시키는 결과를 낳기 때문이다.

그래서 각종 천연원료 항산화 건강제품이나, 다이어트 보조식품인 쉐이크의 경우에도 검증 받은 우수한 품질의 식물성 천연원료를 사용한다는 점을 강조하고 있다. 그리고 비타민 계열 제품에 함유된 알로에의 경우 다양한 생리 활성물질, 아미노산, 비타민, 무기질을 갖고 있어 장과 피부건강, 면역력 증진에 도움을 주는 디톡스의 기본적인 기능을 가지고 있는 천연 원료이다. 건강제품의 모토는 인위적이지 않은 인간 본연의 자연적인 특성을 추구한다는 점을 강조하는데, 식물성 원료를 신선한 상태에서 동결 압축 방식으로 추출하여 만드는 천연 미네랄 및 비타민 제품들을 내놓고 있다.

그렇다면 다음 장에서는 누구나 쉽게 따라할 수 있는 디톡스 요법을 배워봅시다.

4장

누구라도 쉽게
따라할 수 있는
디톡스 요법

1. 디톡스 전 내 몸의 상태 체크하기

✳ 내 몸에 따른 몸 상태 ✳

※ 장에 독소가 쌓인 경우 나타나는 현상

▶ 늘 배가 더부룩하고 소화가 안된다.　▶ 설사나 변비가 있다.

▶ 위에서 역류가 있다.　　▶ 헛 트림이 자주 난다.　　▶ 뚱뚱하다

▶ 변비가 생긴다　　▶ 방귀냄새가 심하다　▶ 몸이 무겁다

▶ 얼굴 트러블　▶ 생리통이 심하다　　▶ 트림을 하면 냄새가 심하다.

▶ 음식물 섭취 후 바로 허기가 진다.

▶ 잘 붓고 방광염이나 질염이 자주 생긴다.　　▶ 이유 없이 잠이 쏟아진다.

※ 간에 독소가 쌓인 경우 나타나는 현상

▶ 지방간이 있다.　　▶ 얼굴이 누렇게 떠 있다.

▶ 담이 결리고 목이 뻐근하다.　　▶ 만사가 다 귀찮다.

▶ 피부 알레르기가 심하다.　　▶ 당뇨가 있다.　　▶ 손발이 잘 붓는다.

▶ 소화가 잘 안된다.　　▶ 고혈압이 있다.　　▶ 얼굴색이 남들보다 검다.

▶ 많이 피곤하다.　　▶ 성욕이 감퇴했다.　　▶ 눈이 뻑뻑하고 침침하다.

▶ 셀룰라이트가 생긴다.

※ 폐, 기관지에 독소가 쌓인 경우 나타나는 현상

▶ 가래가 있고, 허스키하다.　　▶ 감기에 자주 걸림.

▶모공이 넓고, 피지가 많다.

※ 혈관에 독소가 쌓인 경우 나타나는 현상

▶ 질병에 잘 걸린다.　　▶ 고혈압, 콜레스테롤 수치가 높다.

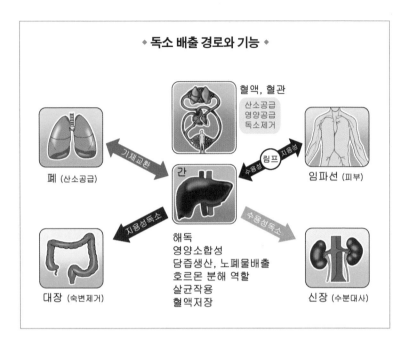

◆ 독소 배출 경로와 기능 ◆

혈액, 혈관
산소공급
영양공급
독소제거

간

폐 (산소공급)

기체교환

수용성 림프 지용성

임파선 (피부)

지용성독소

수용성독소

해독
영양소합성
담즙생산, 노폐물배출
호르몬 분해 역할
살균작용
혈액저장

대장 (숙변제거)

신장 (수분대사)

2. 장 디톡스

해독의 가장 중요한 기관

장은 해독과 면역에 있어 가장 중요한 역할을 담당하는 장기이다.
몸속에 들어온 독성 물질의 상당부분이 장에 머무르게 되는데, 장에
노폐물과 독소가 쌓이면 장 점막이 손상되어 염증이 생기고, 손상된

점막에 독소가 침투해 혈관을 타고 온몸에 퍼지며 여러 조직과 세포의 기관을 손상시켜 몸 전체의 균형과 기능을 깨뜨린다. 그래서 장의 기능이 떨어지면 우리 몸의 전반적인 해독 능력이 저하되고 그에 따라 간 기능도 저하되는 것이다.

또한 우리 몸의 신진대사 과정에서 만들어지는 독소가 많을수록 장에 서식하는 유산균은 줄어들고 유해균은 늘어난다. 유산균이 줄어들수록 장의 해독 기능은 급속도로 떨어지고, 장 내부는 유독한 가스가 생성되며 유해균이 서식하기 좋은 환경이 된다.

장에서 독소가 배출되지 못할 때는 잦은 설사나 변비를 동반하는 과민성 대장 증후군, 가스, 소화불량, 위염, 위궤양, 복부팽만감을 비롯한 위장 질환, 뿐만 아니라 두통, 메스꺼움, 아토피나 가려움증 같은 각종 피부질환이 발생한다.

장 디톡스에 필요한 섭취와 제한 요소

1. 섬유질

장 디톡스의 가장 중요한 요소는 정상적인 배변이다. 배변을 제대로 해야 우선 장내 독소를 밖으로 배출할 수 있는데, 배변을 원활하게 하기 위해서는 섬유질을 충분히 섭취하여 장의 연동운동이 활발해질 수 있도록 해야 한다. 식이섬유가 풍부한 채소와 과일은 장을 활발하게 움직이게 하므로 장 디톡스를 위해서는 많이 섭취하는 것이 중요하다.

2. 유산균

장내 유산균은 장 건강 정상화에 필수요소이다. 유산균은 암세포로 발전할 위험이 있는 돌연변이 세포에 발암물질 접근을 막아 암 예방 효과가 있고, 병원균 감염을 막아주며, 콜레스테롤 흡수를 낮춰주는 역할을 한다. 특히 해로운 독소를 물리치는 면역세포인 NK세포와 T세포를 활성화시켜 인체의 면역력을 전반적으로 높여준다.

3. 음식 제한

흰 밀가루 음식, 인스턴트식품, 패스트푸드, 동물성 기름, 액상과당 등은 장 내벽에 붙어 점막을 손상시키고 염증을 유발하는 대표적인 독소이다. 따라서 장 디톡스를 위해서는 제일 먼저 이러한 음식들을 섭취하지 않아야 한다.

4. 절식이나 짧은 단식

짧은 기간의 단식이나 절식은 장 디톡스 초반에 효과적인 방법이다. 음식을 잠시 끊게 되면, 우리 몸은 에너지원이 없는 상태에서 기존에 지니고 있던 에너지를 소모시켜야 한다. 이 과정에서 신진대사가 촉진되면서 장이 활발히 움직일 수 있게 된다.

때문에 장 디톡스를 위해 단식을 하는 것이 좋은데, 단식이라고 해서 무작정 며칠씩 굶은 것은 효과적이지 않다. 대개 주말 2~3일을 활용하는데, 예를 들어 금요일 점심과 저녁에는 가벼운 죽이나 유동식으로 식사를 한 후, 토요일과 일요일 이틀간은 물이나 해독주스만 마시는 방식으로 하는 경우가 많다. 이렇게 하면 변비 해소에도 도움이 될 수 있다. 참고로 전문가의 도움을 받는 것도 좋다.

 이거 알아요? **장 해독에 효과적인 복부 마사지법**

장 디톡스는 음식만으로 하는 것이 아니라 물리적인 자극을 가하는 것도 효과적이다. 손끝으로 배꼽을 중심으로 시계 방향으로 원을 그리며 주무르는 마사지를 자주 하면 장을 자극하는 직접적인 효과가 있다.

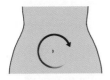

1. 손바닥 전체로 배꼽 주변을 시계 방향으로 원을 그리며 쓸어준다.

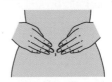

2. 양손을 비벼 따뜻하게 한 후 배꼽 주변을 지그시 눌러준다.

3. 배꼽 주변을 양손 손가락 끝을 이용해 골고루 눌렀다 뗀다. 눌렀을 때 통증이 느껴지는 부위가 있다면 그곳을 좀 더 세게 누른다.

4. 두 손으로 배꼽 주변을 시계방향으로 돌리며 마사지한다.

3. 간 디톡스

장과 협업하는 해독의 일등공신

간은 혈액을 통해 독소를 걸러내는 중요한 기관이다. 체내 독소를 대소변으로 배출하는 역할을 한다. 간과 장은 서로 협력 작업을 하기 때문에, 간과 장 중 어느 한쪽이 제 기능을 못해도 우리 몸의 해독 기능에 문제가 생긴다.

간에서 걸러진 독소와 노폐물이 가는 곳이 장이다. 그런데 장내 환경에서 유익균이 부족해지고 유해균이 많은 상태가 되어 있으면 장을 통해 밖으로 배출되지 못한 독소가 다시 혈관을 통해 간으로 보내진다. 독소를 배출하라고 장으로 보냈는데 그 독소가 다시 간으로 되돌아오는 것이다. 그러다 보니 간과 장이 이중고를 겪고 과부하가 걸려 우리 몸 전체의 기능에 문제가 생기는 것이다. 이러한 과정이 장기간 반복되다 보면 간기능이 저하되고, 심한 경우 간이 영구적으로 손상된다. **간의 해독 기능이 저하되는 또 하나의 주된 원인은 잘못된 식습관과 스트레스 등으로 인하여 간에 지방이 많아지는 것이다. 지나친 동물성**

지방 섭취, 서구화된 식습관, 과음과 과식 습관은 간이 담즙과 효소를 분비해 음식물을 변으로 배출하도록 하는 능력을 저하시킨다. 간기능 저하로 대사가 원활하지 못하면 독소가 몸속에 계속 쌓여 우리 몸은 늘 피로를 느끼게 된다. 또한 대변의 성분을 조절하지 못해 수분이 너무 부족해지면 자주 변비에 시달리게 된다.

간 디톡스에 필요한 섭취 요소

간이 손상되고 기능이 저하되는 가장 큰 요인은 스트레스와 생활습관이다. 식습관, 술과 담배, 폭식과 과식, 과로, 환경오염 등은 간 기능 저하의 주범들이다. 따라서 간의 디톡스 기능을 향상시키기 위해서는 식습관과 생활습관을 절대적으로 정상화시켜야 한다.

간 디톡스를 위해서는 우선 지방이 많고 나쁜 콜레스테롤이 든 육류와 각종 인스턴트식품(과자, 빵, 아이스크림, 패스트푸드, 라면 등)을 제한해야 한다.

간 디톡스에 필수적인 음식은 장과 마찬가지로 식이섬유, 유산균, 발효음식이다. 간 디톡스의 시작은 일차적으로 장 디톡스로 시작되며 장이 튼튼해야 간이 제 역할을 할 수 있다. 간이 만들어낸 담즙이 십이지장으로 내려가 지방을 분해한다. 그런데 식이섬유가 부족하면 담즙이 십이지장을 거쳐 바로 장으로 내려가게 되고 그 과정에서 장 점막을 손상시켜 독소를 제대로 배출하지 못하게 된다.

따라서 식이섬유를 충분히 섭취하는 것이 간의 디톡스 기능 향상에도 매우 중요한데, 채소와 과일, 특히 통곡물, 양배추, 녹황색 채소, 바나나, 콩류, 해조류, 버섯류가 효과적이다. 비타민B, 마그네슘, 아미노산이 풍부한 음식들은 간 디톡스 기능을 돕는다.

간 해독을 돕는 음식에는 무엇이 있는가

과일, 통곡물, 양배추, 녹황색 채소, 바나나, 콩, 해조류, 버섯 등

간 기능을 극대화 시키는 영양 정보

-엉겅퀴 (밀크씨슬)

밀크씨슬은 한국어로 큰 엉겅퀴로 불리며 학명은 Silybum marianum로서 지중해가 그 원산지 이다. 해바라기와 데이지가 속해 있는 국화과 식물이며 현재는 세계 전역에서 발견되고 있다. 밀크씨슬의 씨앗에서 추출한 화학 물질인 실리마린(silymarin)은 플라보노이드의 한 종류로서 알코올 및 기타 독성 물질로 인해 손상된 간세포를 복구시켜주는 효능이 있다. 실리마린은 또한 새로운 간세포가 독

소로 인해 파괴되는 것을 방지하고 염증을 줄여주는 강력한 항산화 효능이 있는 것으로 학계에서 발표했다.

〈밀크씨슬의 주요 기능과 작용〉

1. 간 보호 기능
밀크씨슬은 간세포 단백질 합성을 증가 시키고 간세포막 수용체에 대한 독소의 결합을 억제 시키는 역할을 한다.

2. 항산화 기능
밀크씨슬은 항산화 작용의 주요 원동력인 Nrf2(Nuclear Respiratory Facter 2) 단백질을 활성화 시키고 활성산소를 제거 해준다.

3. 항염증 기능
밀크씨슬은 백혈구의 한 종류인 단핵구내에서 과한화수소의 방출과 염증을 일으키는 인자인 TNF-α(종양괴사인자-알파)의 생성을 억제하여 항염증 효과를 나타낸다.

4. 항바이러스 기능
밀크씨슬은 C형 간염 바이러스에 대해 항바이러스 효과가 큰 것으로 나타났다.

5. 신경보호 작용
밀크씨슬은 감염으로 인해 손상된 뇌를 보호하는 것으로 동물 실험을 통해 밝혀졌다.

6. 항당뇨병 기능
밀크씨슬을 장기간 투여한 당뇨병 환자의 인슐린 수치가 낮아지는 결과를 보였다.

4. 폐 디톡스

휘발성 독소를 배출

폐는 산소를 공급하고 일산화탄소와 독성물질을 걸러내는 기관이다. 주로 유기산과 아미노산에서 발생되는 노폐물 등 휘발성 독소를 배출하는 역할을 한다. 따라서 폐 디톡스를 하려면 몸속에 축적된 독소를 정화해 폐 기능을 정상화하고 활성화하여, 몸 전체 구석구석 산소가 잘 순환될 수 있는 환경을 조성해야 한다.

폐에 독소를 축적시키는 일차적 원인은 공기이다. 공기오염, 미세먼지, 중금속, 담배 등으로 인해 유해한 공기를 계속 마시게 되면 산소 공급에 방해를 받고 호흡기 기능이 떨어져 잦은 기침이나 천식을 유발하기도 한다. 또한 기관지 점막에 염증이 생기거나 약해지면, 독소가 이 점막을 통해 침투하여 활성산소가 축적되고 염증이 심해진다. 흔히 장에 독소를 축적시키는 해로운 음식들은 폐에도 독소를 축적시킨다.

문제는 폐 기능 활성화가 관건이다

폐를 해독하기 위해서는 주변 환경을 정화시켜 나쁜 공기를 가급적 적게 마시도록 하는 것이 필요하다. 또한 비타민을 충분히 섭취하여 백혈구의 면역 기능을 향상시킴으로써 폐 점막에 염증이 생기는 것을 줄여야 한다. 또한 위와 장이 건강해져야 폐 기능도 정상화되므로, 항상 장내 유산균이 적정 비율을 유지할 수 있게 해야 한다. 장내 유산균이 정상적으로 유지되어야 면역물질이 정상적으로 분비되고, 이것이 폐 기능 향상에도 직접적으로 영향을 준다.

폐기능을 활성화시키는 물리적인 방법으로는 호흡법이 있다. 평소 심호흡을 자주 함으로써 교감신경과 부교감신경이 골고루 상호작용할 수 있도록 하는 것이 중요하다.

배를 움직이는 복식호흡을 하여 횡격막을 충분이 끌어내리고 움직임의 폭을 키우면 산소가 폐 깊숙이 들어올 수 있게 된다. 이때 몸통을 곧추세우고 숨을 깊이 들이마시고, 복부를 팽팽하게 팽창시킨다. 내쉴 때는 만들고 천천히 끝까지 더 이상 내뱉을 수 없을 때까지 숨을 충분히 내뱉는 연습을 한다. 이러한 복식호흡 연습을 매일 10분 정도씩 하는 것만으로도 폐 기능 향상과 폐 디톡스에 효과적이다.

5. 혈관 디톡스

식이섬유에 주목

　식이섬유는 장 기능을 활성화시키는 데 필수적이며 장이 효과적으로 독소를 배출할 수 있어야 혈액의 독소도 배출할 수 있게 된다. 따라서 피를 맑게 하기 위해서는 무엇보다도 식이섬유가 많이 든 채소와 과일을 매일 섭취하는 것이 중요하다. 식이섬유는 식물성 식이섬유와 동물성 식이섬유로 나눌 수 있는데 그 역할은 다음과 같다.

　식물성 식이섬유는 혈당조절과 포만감 배변활동을 원활하게 도와준다. 동물성 식이섬유의 대표적인 물질인 키틴은 새우 껍질이나 게껍질에 많은 데 이것은 혈당조절과 혈액 속 저밀도 콜레스테롤 (나쁜 콜레스테롤)과 중금속을 흡착해서 배설하는 기능을 한다.

오메가3 지방산 섭취

　오메가3 지방산은 혈액 속 주요 독소로 작용하는 혈중 중성지방의 비율을 낮추고 혈전이 생기지 않도록 하는 역할을 한다. 이것은 혈관 염증을 낮게 하고 혈액 속 찌꺼기를 줄여주는 것을 뜻하며, 혈액의 찌꺼기가 줄어들면 각종 심혈관질환의 위험도 줄일 수 있다는 뜻이다. 이러한 역할을 하는 오메가3 지방산은 주로 고등어, 삼치, 꽁치 같은 등 푸른 생선에 많이 들어있으므로, 이러한 생선을 주 2회 정도 섭취하면 혈관 디톡스에 도움이 된다.

L-아르기닌 섭취하기

L- 아르기닌은 모든 생물체에 존재하는 조건부 필수 아미노산이다. 성장호르몬 분비를 촉진하고 노화방지 뿐만 아니라 지방을 분해하여 체지방을 감소 해준다. 또한 아르기닌이 생성하는 산화질소 (NO) 는 내피세포에서 유래된 이완 인자라고 하며, 강력한 혈관 팽창 물질로 작용한다. 따라서 동맥을 이완시켜 혈액의 흐름을 원활하게 해주어 혈액순환에 크게 도움이 된다.

금연, 금주하기

일반적으로 흡연자는 비흡연자에 비해 심혈관 질환에 걸릴 위험이

70퍼센트 이상 높은 것으로 알려져 있다. 흡연은 혈류량을 줄여 심장에 혈액이 부족해지게 만드는 주범이다. 심장에 혈액이 부족해진다는 것은 산소가 부족해진다는 뜻이다.

또한 담배를 피우면 피를 굳게 만드는 혈소판 응집력이 높아져 혈관 내벽에 혈소판이 쉽게 들러붙는데, 혈소판에서는 혈관수축 성분이 분비되기 때문에, 이때 혈관이 수축하면서 혈류량을 감소시켜 심장마비의 위험을 더욱 높이게 된다. 따라서 피를 맑게 하기 위해서는 담배는 절대적으로 끊어야 한다.

술 역시 혈액에 독소를 가중시키는 직접적인 원인이다. 술은 간에서 지방 합성을 촉진시켜 지방간과 고지혈증을 유발한다. 또한 혈중 중성지방 비율을 높여 혈관을 좁히고 혈압을 올라가게 하므로, 혈관 디톡스를 위해서는 술을 최소한도로 줄이거나 끊는 것이 좋다.

운동

피를 맑게 하기 위해서는 혈액순환이 잘 되도록 해야 한다. 이를 위해서는 몸을 규칙적으로 일정 강도 이상 움직여야 한다.

아침 저녁으로 자주 스트레칭을 하며 가볍게 땀이 흐를 정도의 규칙적인 운동이 혈관 건강에 도움 되는데, 주 5회 이상 하루 30분간 빠르게 걷기나 가벼운 조깅, 자전거 타기, 수영, 체조 등 유산소 운동은 혈액의 독소를 배출하게 하는 매우 효과적인 운동들이다.

운동을 하면 체내 지방을 소모하는 과정에서 혈관 내벽에 붙은 콜레스테롤을 사용하게 되어 독소를 배출할 수 있게 된다. 또한 혈액순환이 전반적으로 원활해지면 혈관 관련 질환에 걸릴 확률도 낮출 수 있다.

또한, 자신의 체력에 맞지 않는 과도한 운동은 오히려 독소를 만들어낸다는 점이다.

과도한 운동을 하면 몸속에 활성산소가 많이 생기는데, 활성산소는 오히려 주된 독소로 작용하기 때문이다. 따라서 자신의 몸 상태와 연령대에 맞는 적당한 운동을 하는 것이 중요하다.

〈놀라운 심혈관 질환의 열쇠, 산화질소에 주목〉

한국인의 사망 원인 2위 질환인 심혈관질환. 그만큼 치명적이고 위험하지만 최근 연구에 의하면 그 해답을 산화질소에서 찾을 수 있다는 놀라운 결과가 나왔다. 평소 산화질소로 심혈관 디톡스를 꾸준히 하면 심혈관질환 발병과 진행을 예방할 수 있다는 것이다. 1998년 산화질소 효과를 발견하여 노벨 생리의학상을 수상한 루이스 이그나로 박사의 연구가 이를 증명한다. 미국 심장협회(American Heart Association)에서는 산화질소 발견을 '심혈관 의료 역사상 가장 위대한 발견' 이라고 평가했다.

산화질소(=일산화질소, NO)란 동맥 내 내피세포에서 생성되는 신호전달물질이다. 원래 지구 대기에서는 불안정한 오염 가스로 규정된다. 그런데 신기하게도 인체 내에서는 꼭 필요한 역할을 하는 분자이다.

동맥은 혈류가 흐르는 통로와 그 주위를 둘러싼 근육인 '평활근'으로 구성되어 있는데, 이 평활근이 이완되면 혈관이 확장되고 수축하면 혈관이 좁아진다. 혈액순환이 잘 되려면 혈관이 확장되어야 하고, 혈관이 확장되려면 평활근이 잘 이완돼야 한다. 이때 이완 작용을 돕는 것이 바로 산화질소 역할이다. 또 혈액이 응고되어 혈전이 생기면 심장마비, 뇌졸중, 뇌출혈 등이 일어나는데, 산화질소는 혈액 응고를 막아주는 역할을 한다. 즉 산화질소는 심장과 혈관 건강에 결정적이라고 할 수 있다.

〈산화질소의 디톡스 기능〉
- 동맥을 이완시켜 정상적인 혈압 유지
- 동맥 혈관벽을 이완시켜 적절한 혈류량이 심장으로 들어가게 해주어 협심증 예방
- 콜레스테롤 수치 저하
- 심장마비와 뇌졸중의 원인이 되는 혈전 생성 방지
- 면역세포들의 기능 활성화와 면역력 증강
- 산모와 태아에게 위험한 임산부의 고혈압 조절
- 인슐린 분비를 조절하여 당뇨 예방
- 성장호르몬 분비를 자극하여 근육과 뼈 건강 활성화
- 혈액순환을 촉진하여 불면증 예방

산화질소 이렇게 보충하라

그렇다면 어떻게 산화질소를 보충해서 평소에 심장 및 심혈관 디톡스를 할 수 있을까? 전문가들은 음식과 운동+ L- 아르기닌이 첨가된 식품으로 해결할 수 있다고 강조한다.

〈산화질소를 보충해주는 음식+운동〉
콩, 생선, 생선 기름, 오메가3, 기름기 적은 육류 등 질 좋은 단백질, 견과류, 채

소, 과일 + 걷기, 조깅, 자전거타기, 수영, 테니스 등 유산소운동

〈산화질소 생성을 방해하는 음식〉
포화지방, 육류, 짜고 자극적인 음식, 채소나 과일을 먹지 않는 식습관

산화질소 생성에 필요한 L- 아르기닌을 보충하라
생선과 콩, 견과류 등 좋은 단백질을 섭취하면 아미노산으로 분해되는데, 그중 'L- 아르기닌(L-Arginine)' 이라는 성분이 산화질소로 전환된다. 산화질소는 L- 아르기닌으로부터 산화질소 합성효소(Nitro Oxide Synthase)에 의하여 생성되는 물질이다. 인체 내에서는 아미노산에서 질소 원자를 가져와 산소원자가 결합해 산화질소 분자를 만들게 된다.

[좋은 단백질+L- 아르기닌 보충식품] → [아미노산] → [L- 아르기닌] → [질소+산소] → [산화질소] ⇨ 심장, 심혈관 디톡스

문제는 인체가 나이가 들면서 산화질소의 생성 능력이 약해진다는 점이다. 연구에 의하면 40세가 넘으면 산화질소 생성이 절반 정도로 떨어지기 시작해 중년 이후 급격히 줄어든다. 그래서 중년부터 심혈관질환 발병률이 높아지는 것이다. 음식만으로는 산화질소 생성이 어려우므로, 건강한 식단과 운동을 기본으로 하고 산화질소 및 L- 아르기닌을 보충해줄 수 있는 보조식품의 섭취가 바람직하다.

6. 피부 디톡스

피부 디톡스는 몸속 독소 배출이 먼저

각종 피부질환의 가장 궁극적인 원인은 바로 몸속에 장기간 축적된 독소이다. 때문에 스테로이드 연고를 계속 바르거나 성분 좋은 화장품을 많이 바르는 것은 근본적인 피부 건강 회복을 위한 방법이라고 하기는 어렵다.

피부의 독소를 근본적으로 제거해 피부질환을 치료하고 건강한 피부를 회복하기 위해서는 우선 몸속의 독소를 배출해야 한다. 체내 활성산소 등 독소로 인해 피부에도 독소가 쌓이면 가려움증이나 성인여드름을 비롯한 여러 피부질환이 생기고, 각질과 주름이 늘어난다. 따라서 몸속의 독소를 배출하는 것, 즉 장과 간, 폐 디톡스를 통해 몸속의 균형부터 바로잡는 것이 결국 피부 건강도 회복하는 방법이다.

냉 · 온 목욕과 반신욕

아울러 피부 디톡스를 위해서는 피부 세포를 자극하고 땀을 적당히 흘려 피부 표면과 말초기관이 독소로 막히지 않도록 순환을 시켜 주는 것도 중요하다. 이를 위해서는 피부에 좋은 목욕방법을 활용하는 것이 효과적이다.

목욕을 통해 땀을 정기적으로 배출하면 피부 디톡스에도 좋을 뿐만 아니라 근육 통증을 경감시키고, 간과 신장 기능을 돕는 작용을 한다. 또한 신체 온도를 올리면 면역력 향상과 해독기능 향상에 직접적으로 영향을 미친다. 피부 디톡스에 도움 되는 목욕방법으로는 냉·온 목욕과 반신욕이 있다.

〈냉·온 목욕 방법〉

냉·온 목욕을 하면 피부 세포에 자극을 주고 혈관과 림프관의 순환을 도와 독소 배출을 돕고 혈액순환이 원활해지게 한다.

⇨맨 처음 온수로 샤워를 한 후, 섭씨 14~15도 정도의 냉탕에서 2~3분간 온몸을 담그고, 다시 41~43도 정도의 온탕에 2~3분간 온몸을 담그는 것을 3회 정도 반복한다. 끝낼 때는 냉탕에서 끝내는 것이 좋다.

〈반신욕〉

반신욕도 대표적인 피부 디톡스 목욕방법으로 꼽힌다. 반신욕을 하면 온몸의 혈액순환이 활발해져 신진대사가 좋아지고, 몸속의 노폐물을 땀을 통해 배출시키는 데 효과적이고, 심신의 피로회복에 큰 도움이 된다.

⇨섭씨 38~45도 정도의 온수에 몸을 담그되, 상반신의 명치 아래까지만 담근다. 이 상태에서 20~30분간 휴식을 취한다.

적외선 사우나

목욕법이 피부 표면을 자극하는 방법이라면, 적외선 사우나는 피부 아래쪽을 좀 더 깊이 자극하는 피부 디톡스 방법이다. 피부 표면 아래까지 적외선이 깊이 침투하여 지방을 진동시키고 지방에 축적된 독소를 땀과 함께 배출하게 하는 데 효과적이다.

적외선 사우나는 성인여드름, 건선, 습진 같은 만성 피부질환에 좋으며, 피부 재생을 돕고 탄력을 회복시킨다. 또한 피부 디톡스 외에도 만성피로, 근육통, 관절염을 개선시키는 효과도 있다.

7. 기타 디톡스

비타민 디톡스

비타민은 디톡스 요법에서 가장 빼놓을 수 없는 필수적인 성분이다. 비타민에는 수용성이 9종, 지용성이 4종이 있는데 대부분의 비타민은 인간의 체내에서 합성이 되지 않으므로, 음식이나 기능성 보조식품을 통해 적절히 공급해야 디톡스를 효과적으로 할 수 있다. 디톡스에 반드시 필요한 비타민으로는 다음과 같은 것들이 있다.

[비타민A]
체내 독소와 활성산소 제거, 병원균과 발암물질의 침입 차단, 항산화 기능.

[비타민B]
대사기능과 면역기능 활성화, 적혈구 숫자 유지, 방사선과 화학물질 침투 차단.

[비타민C]

항산화 기능, 암 예방, 적혈구 숫자 유지, 세포 재생 활성화.

[비타민D]

암과 종양 예방.

[비타민E]

암 예방, 면역력 향상, 불포화지방산이 활성산소에 파괴되는 것을 방지.

미네랄 디톡스

무기질을 뜻하는 미네랄은 유기물인 산소, 탄소, 수소, 질소 이외의 원소를 통틀어 일컫는 말이다. 미네랄에는 칼슘, 칼륨, 나트륨, 철, 염소, 마그네슘, 아연 등이 있는데 독소 배출과 생리기능에 필수적인 역할을 하므로 디톡스를 위해서는 적당량의 미네랄을 섭취해야 한다.

[마그네슘, 칼슘]

체내 독소 특히 중금속 배출, 혈중 산소 비율 유지, 주요 영양소 활성화.

[셀레늄]

항산화 작용, 면역력 향상, 암 예방, 중금속(납, 수은) 흡수 방지 및 배출

[아연]

단백질 합성을 도움, 중금속 흡수 방지.(아연이 적정량보다 부족하면 비타민 흡수가 잘 안 되고, 적정량보다 너무 많으면 철분 흡수를 방해하므로 너무 부족하거나 많지 않게 적정량을 섭취하는 것이 중요하다.)

엽록소 디톡스

엽록소(클로로필)는 녹색 식물의 잎 속에 함유되어 있는 화합물을 말한다. 엽록소가 디톡스 요법에 필수적인 이유는 다음과 같은 다양한 역할을 하기 때문이다. 따라서 엽록소가 많이 든 녹색 채소를 충분히 섭취하는 것이 좋다. 엽록소의 해독 기능은 다음과 같은 것들이 있다.

항산화 기능/혈액의 독소 정화와 배출/혈중 콜레스테롤 조절/알칼리성으로서 혈액의 산성도를 약알칼리성으로 조절/면역력 향상/혈액순환 활성화/염증 감소 /빈혈 예방/인체 생리기능 정상화/이뇨제 역할(체내 중금속, 나트륨 배출)/세포기능 강화/인체의 자가 해독기능 향상/발암물질의 체내 흡수 방지/종양 예방 및 감소

워터(물) 디톡스

일상생활에서 가장 손쉽게 할 수 있는 디톡스 요법은 물을 충분히 마시는 것이다. 물은 우리 몸의 소화와 순환에 매우 중요하며, 영양분 수송, 노폐물 배출 및 해독에 없어서는 안 된다.

물은 해독기관인 신장과 장의 기능을 활성화시키기 때문에 더더욱 중요하다. 신장에는 독소인 요산과 크레아티닌이 축적되기 쉬운데, 이러한 독소를 배출하는 방법은 물을 부족하지 않게 자주 마시는 것이다.

미지근한 물을 아침저녁에 수시로 마시면 소변과 함께 신장의 독소를 배출시킬 수 있다. 장도 수분이 부족하면 장의 연동운동이 저하된다. 물을 충분히 섭취하여 장이 잘 움직여야 장내 유익균이 활동할 수 있고, 장의 움직임이 활성화되어야 독소를 제대로 배출할 수 있다. 아침에 일어나자마자 식전에 물을 마시면 위장을 적당히 자극하여 잘 움직이게 하는 데 도움이 된다.

효모는 발효를 일으키는 미생물을 가리킨다. 대개 막걸리, 와인, 맥주, 빵 등의 발효식품을 만드는 데 이용되는 곰팡이 종류라 할 수 있다.

천연효모는 체내 독소와 오염물질을 막고 해독할 수 있는 고에너지 디톡스 효과가 있다. 특히 인체에 쌓인 각종 중금속을 흡수하고 배출하는 데 큰 도움을 준다. 천연효모의 해독 효과로는 다음과 같은 것들이 있다.

-풍부한 셀레늄 : 항산화 성분으로 유해물질 투입을 방지
-18가지 천연 미네랄(칼슘, 마그네슘, 철, 아연 등) 함유
-독소로 인한 유전자 변형 방지
-독소를 분해하는 비타민E의 산화 방지
-중금속 흡수 : 수은, 납, 우라늄 성분의 흡수와 배출

8. 디톡스 시 보충해야 할 영양소와 꼭 해야 할 일은?

프로바이오틱스의 섭취

우리의 장에는 약 100조 마리에 달하는 세균이 서식하는데, 일반적으로 유익균과 중립균이 80퍼센트, 유해균이 20퍼센트의 비율을 차지한다. 이 비율이 깨져 유해균이 증가할 때 인체에 독소가 쌓이므로, 장내 세균의 균형을 유지하는 것이 건강에 매우 중요하다.

유산균은 면역력을 키우고, 비타민 생성을 돕고, 장의 해독기능을 활성화시킨다. 평소 유익균을 보충하고 유익균이 서식할 수 있는 장내 환경을 만들어야 하는데, 이를 위해서 반드시 필요한 것이 바로 유산균 음식을 자주 섭취하는 것이다.

유산균을 공급하기 위해서는 요구르트나 김치 등 유산균이 든 각종 발효음식을 고루 섭취해야 한다.

특히 유산균 보조제, 프로바이오틱스를 추가적으로 섭취하여 유익균을 꾸준히 공급하는 것이 디톡스에 효과적이다. 시중에 다양한 유산균 기능식품이 나와 있는데, 이를 선택할 때 가급적 비피더스와 락토바실러스가 많이 든 제품과 소화 효소가 첨가된 제품을 기호에 따라 함께 섭취 하면 더욱 좋다.

섬유질 섭취

섬유소는 장의 연동운동을 활발하게 하여 배변활동을 돕고, 체내 독소를 흡착하여 몸속에 독소가 퍼지는 것을 막아준다. 또한 대변이 적절한 시간 내에 대장을 통과하여 체외로 배출되도록 하므로, 독소의 장 점막 접촉 시간을 줄여 독소가 점막을 통해 온몸으로 퍼지고 쌓이는 것도 예방해준다. 섬유소가 많이 든 현미잡곡밥, 채소, 과일, 해산물, 해조류를 평상시에 자주 섭취하는 것이 디톡스를 생활화하는 식습관이라 할 수 있다.

항산화식품 섭취

항산화란 체내 활성산소 발생을 억제하고 독소를 흡수하는 일을 말한다. 때문에 항산화를 돕는 항산화식품을 충분히 섭취하는 것은 항산화식품은 활성산소 발생을 억제하고 유해물질을 흡수하므로 디톡스에 있어서 매우 핵심적이다.

항산화식품에는 여러 가지가 있는데, 예를 들어 붉은 토마토에 들어 있는 라이코펜 성분은 혈관을 튼튼하게 만들어 심혈관계 질환을 예방하는 대표적인 항산화성분이다. 그밖에도 양배추, 오렌지, 브로콜리 같은 녹황색 채소와 과일에 든 비타민C, 견과류에 든 비타민E도 항산화작용을 하는 성분들이다.

항산화식품 하면 빼놓을 수 있는 것이 바로 녹차이다. 녹차에 든 카테킨 성분은 체내 독소를 흡착하여 배출시키며, 비타민C와 E는 세포재생을 돕고 암세포 발생을 억제한다.

근래에 들어서는 피크노제놀 성분이 항산화 식품으로 각광 받고 있다.

피크노제놀의 주요 성분인 플라보노이드는 비타민 C의 20배, 미타민 E의 50배 효과로 강력한 항산화작용을 한다.

〈대표적인 항산화식품〉

토마토, 양배추, 오렌지, 녹황색 채소(브로콜리 등), 견과류, 해조류, 녹차 등

유기농식품 섭취

유기농식품이란 농약, 살충제, 화학비료를 사용하지 않고 키운 농산품이나 먹거리를 의미한다. 디톡스 요법에 있어서 유기농 식품 섭

취가 중요한 이유는, 먹거리에 들어있는 농약이나 화학성분, 살충제가 우리 몸에 축적되어 치명적인 독소로 작용하기 때문이다.

단, 유기농 식품이라 하더라도 요즘에는 100퍼센트 유기농으로 가정하기는 어렵다. 왜냐하면 해당 농장에서 아무리 철저히 유기농으로 재배했다 하더라도, 그 토양이 오래 전부터 농약에 노출되었거나 인근 농장이나 논으로부터 농약이 공기를 통해 혹은 지하수를 통해 유입되어 잔존했을 가능성도 높기 때문이다.

따라서 유기농 마크를 확인하고 구입하되, 잔존 농약 가능성을 염두에 두고 세척에 신경을 쓰며 채소의 경우 데쳐 먹는 것이 좋다.

〈디톡스에 필수적인 건강 기능 성분〉

[필수]

종합비타민/항산화제/프로바이오틱스/식이섬유/오메가3 지방산/칼슘,마그네슘/단백질 (가수분해 단백질)/물 (순수한 물)/죽염

[옵션]

소화효소제, 녹즙

: 자신의 건강상태에 따라 전문가와 상의 후 적절히 선택하는 것이 좋다

〈디톡스 시 실천해야 3가지 행동요령〉

1. 운동

: 1주일에 4~5일, 한 번에 30분 이상.

: 약간의 땀이 날 정도의 유산소운동과 근력운동을 병행하는 것이 좋다.

2. 목욕

: 1주일에 2~3회

: 반신욕, 냉·온욕, 적외선 사우나, 증기목욕 중 자신의 환경, 시간, 경제사정에 맞는 적절한 목욕법을 선택한다.

3. 소식 또는 절식

: 과식은 우리 몸에 활성산소를 흡수, 생성하는 요인 중 하나이다. 소화과정에서 보통 활성산소가 만들어지는데, 식습관이 불규칙하거나 과식, 폭식을 할 경우 활성산소도 과도하게 만들어지기 때문이다.

디톡스를 위해서는 식단을 바꾸는 것도 중요하지만 식사량을 전보다 줄이는 소식과 절식을 실천하는 것도 효과적이다.

이거 알아요?　독소 줄이는 생활환경 만들기

날마다 마시는 공기와 물

우리가 매 순간 마시는 공기와 수시로 마시는 물은 사실상 체내 독소 유입의 가장 주된 경로라고 할 수 있다. 문제는 나날이 환경오염과 대기오염이 심각해짐에 따라 공기와 물을 통한 독소에서 완전히 자유로울 수 없다는 점이다.

오염된 공기 중의 미세먼지, 매연, 중금속은 체내에 그대로 축적되는데 한 번 축적되면 쉽게 배출되기 어렵고, 지하수나 수돗물에 유입되는 오염물질도 간과할 수 없다. 수돗물이 안전하다고는 하나, 수돗물이 가정에 전달되는 과정에서 어쩔 수 없이 유입되는 오염물질, 배관의 구리 성분이나 지하수에 유입되는 살충제와 농약, 공장지대의 화학물질은 미량으로도 인체에 축적될 수 있는 독성 성분들이다.

내 집안에 있는 독소

생활공간인 실내의 독소도 각종 만성질환의 원인이 된다. 집의 시멘트나 접착 성분, 건축 자재에 들어있는 각종 화학물질, 예를 들어 아세테이트, 에탄올, 포름알데히드 등은 소량으로도 인체에는 치명적인 독소가 되는데, 새집 증후군의 경우처럼 이러한 성분들이 아토피나 알레르기의 주된 원인인 것으로 알려져 있다. 그 밖에도 세탁 세제, 주방 세제, 표백제, 탈취제, 살충제, 단열재, 드라이클리닝 성분, 화학 페인트, 스프레이, 석면, 폴리우레탄, 니스, 음식 조리 시 나오는 일산화탄소, 곰팡이, 페인트, 합성섬유, 가솔린, 프로판 등 우리 생활 속에는 미처 다 헤아리기 어려운 무수한 종류의 독소가 존재하고, 이 성분들을 날마다 호흡하여 체내에 독소를 축적시킬 수밖에 없는 상황이다.

생활용품도 독소의 원인

더구나 일상생활에서 무심코 사용하는 각종 생활용품에도 수천 여 종류의 화학물질이 함유되어 있으며, 우리는 이 화학물질을 매일 접촉하고 살게 된다. 수천 여 종류 중 약 1천여 종의 화학물질에 독성이 들어있고, 그중 300여 종은 생물학적 변이를, 200여 종은 생물의 생식기능에 문제를 일으킬 수 있는 것으로 알려져 있다.

일상생활에서 사용하는 생활용품 중에 독성을 함유한 것으로는 로션, 샴푸, 화장품, 비누, 탈취제, 향수, 입욕제 등 인공적인 좋은 향기가 나는 제품들이 많다. 인공적인 향이 나는 제품들에는 수천 가지의 화학물질들이 들어 있다.

인공 향을 많이 맡을수록 독이 쌓인다

이러한 물질들이 인체에 장기간 누적되어 독소로 작용한다. 또한 미용실에서 쓰는 염색약이나 여성들이 화장할 때 쓰는 마스카라에도 모든 생물에 해로운 성분이 들어있다. 이 물질들 중 상당수는 발암물질을 포함한다.

현대사회에서 생활하면서 이러한 물질들로부터 완전히 자유로울 수는 없을 것이다. 따라서 생활용품을 선택할 때 가급적 친환경 소재로 만들어져 있는지를 확인하는 것이 좋으며, 화장품 등 몸에 직접 닿는 제품을 선택할 때는 전성분을 확인할 필요가 있다. 무엇보다도 끊임없이 인체를 공격하는 독소를 해독할 수 있도록 생활습관과 식습관을 통해 디톡스 요법을 습관화하는 것이 좋다.

5장

디톡스
전문가에게
물어봅시다

Q 장세척은 장 디톡스에 도움이 되나요?

A 인위적인 장세척은 오히려 부작용을 일으킬 수 있습니다.

장세척의 원리는 대장 내의 숙변을 인위적으로 씻어내는 것입니다. 씻어내기 위해 항문을 통해 대장으로 대량의 액체를 투입하는데, 정수된 물, 커피를 섞은 물 등 다양한 종류가 있습니다.

한때 숙변 제거에 효과적이라고 홍보가 되며 장세척이 디톡스 방법인 것처럼 알려진 적이 있습니다. 그러나 전문가에 의하면 장세척의 의학적 효과가 입증된 것은 아닙니다.

그 이유는 숙변이라는 개념 자체에 문제가 있기 때문입니다. 장내에는 숙변이 있는 것이 아닙니다. 장은 우리가 모르는 사이에도 끊임없이 연동운동을 하며, 장내의 변은 이 연동운동에 의해 몸 밖으로 배출됩니다. 때문에 숙변을 액체로 씻어낸다는 것은 사실은 그 실체가 매우 모호하다고 할 수 있습니다.

장세척에는 부작용과 위험요소도 많이 따릅니다. 우선 세척 과정에서 세균 감염이나 장 천공 발생 가능성이 있고, 무엇보다도 자연스러운 장내 환경의 균형을 갑자기 깨뜨릴 수 있습니다. 사람의 장에는 유해균과 유익균이 적정 비율을 유지하며 균형을 이루어야 하는데, 인위적인 장세척으로 이 환경에 갑작스러운 변화를 줄 경우 오히려 인체 본래의 해독 능력과 배변 기능을 저하시킬 위험이 있는 것입니다.

따라서 장 디톡스를 원한다면 인위적인 장세척을 하는 것보다는 유산균과 섬유질을 충분히 섭취하고 규칙적인 식습관을 유지하여 장내 환경이 밸런스를 이룰 수 있도록 하는 것이 좋습니다.

Q 디톡스를 하면 금방 살이 빠지나요?

A 디톡스가 곧 체중 감소를 의미하는 것은 아닙니다.

디톡스 다이어트 혹은 해독 다이어트라고 하면 통상 짧은 단식을 하거나, 단기간 물이나 유동식, 특정 성분으로 만든 해독주스를 섭취하거나, 인스턴트식품과 동물성 지방을 줄이고 섬유질이 풍부한 채소, 과일을 충분히 섭취하는 등 식습관을 건강하게 변화시키는 요법을 주로 취하게 됩니다. 여기에 다양한 건강기능식품을 활용하거나 운동요법을 활용하는 등 주로 먹는 것과 신체활동을 통해 몸속의 독소를 배출하도록 하는 것이 디톡스 다이어트의 골자라고 할 수 있습니다.

디톡스란 결국 우리 몸의 균형을 찾는 것을 의미합니다. 해로운 식습관과 생활습관을 중단하여 지방을 연소시키고 독소를 배출하며, 우리 몸이 본래의 면역력과 생리기능을 회복하도록 도움으로써 건강한 몸 상태를 만드는 것이 모든 디톡스 다이어트의 원리입니다.

본래의 기능을 되찾는다는 것은 우리 몸의 해독 기관인 장, 간, 폐, 신장 등이 스스로 독소를 배출하고 지방을 연소시킬 수 있도록 한다는 뜻이기도 합니다. 본래의 기능을 되찾으면 다이어트가 끝나도 요요 없이 건강한 신체를 유지할 수 있습니다.

흔히 혼돈하는 것이 '디톡스=체중 감소'라고 단순하게 생각하는 것입니다. 독소를 빼낸다고 체중이 갑자기 줄어드는 것이 아니라, 독소를 배출하게 하기 위해 건강한 음식을 먹고 운동량을 늘리는 과정에서 불필요한 칼로리 섭취가 줄어들고 신체 기능이 활성화됩니다.

단식이나 절식을 하더라도 무작정 굶는 것이 아니라, 과잉활동을 하던 소화기를 조금 쉬게 하고 몸속에 여분의 에너지가 다른 기관에 쓰일 수 있도록 하는 것입니다. 즉 신체 대사를 활성화시켜 독소가 분해될 수 있는 환경으로 만들고, 그 과정에서 부수적으로 살도 빠질 수 있습니다.

따라서 디톡스 다이어트로 갑자기 살을 빼는 마법의 다이어트라고 생각하기보다는, 우리 몸의 건강과 면역력과 해독기능을 회복하는 과정에서 살도 빠질 수 있는 것으로 이해하는 것이 좋습니다.

Q 디톡스를 위해 단식을 하고 싶은데 주의 점은 무엇인가요?

A 단식은 몸속의 독소를 배출시키고 비워낼 수 있는 디톡스 요법 중 하나입니다. 무조건 굶는 것이 아니라 자신의 몸 상태에 맞게 적절한 방법을 알고 하는 것이 효과적입니다.

단식을 처음 시도할 때는 보통 3일 단식을 합니다. 3일 동안 아무 것도 안 먹는 것이 아니라 건더기가 있는 모든 음식을 먹지 않고, 그 대신 깨끗한 물이나 차, 디톡스 음료를 섭취합니다. 디톡스 음료는 과일, 꿀, 미네랄이 함유된 음료를 하루 1000cc 정도 조금씩 나눠 마시는 것이 좋습니다.

단식이 끝난 다음날에는 평소 식사량의 1/4 정도만 섭취하고 그 후 조금씩 늘리도록 합니다. 또한 단식 전후에는 디톡스를 방해하는 음식, 예를 들어 육류, 인스턴트식품, 가공음식, 밀가루음식, 유제품, 그리고 술을 피하는 것이 좋습니다.

Q 물을 많이 마시면 디톡스에 도움 되나요?

A 한때 하루 몇 잔 이상의 물을 마시는 것이 건강에 좋다는 말이 있었지만, 최근 학계 연구 결과에 의하면 '하루 물 8잔을 마시면 좋다' 라는 말은 정

확한 의학적 근거가 없다고 밝혀졌습니다.

충분한 수분 섭취는 장의 연동운동이나 신장의 이뇨작용에 도움이 되어 우리 몸의 해독을 담당하는 장기가 잘 작동하도록 해주지만, 억지로 너무 많은 물을 마시는 것이 디톡스를 위한 최고의 방법은 아닙니다.

수분 섭취의 가장 적절한 요령은 자신의 몸이 원할 때, 즉 갈증을 느낄 때 적당량의 물을 마시는 것입니다. 특히 식사 중에 물을 너무 많이 마시면 위액이 묽어지고 위장의 음식물이 충분히 소화되지 못한 채 십이지장으로 넘어가므로 오히려 건강에 좋지 않습니다.

물을 적당량 섭취하는 것도 좋지만, 신선한 과일과 채소를 충분히 섭취하는 것도 수분 섭취의 좋은 방법입니다. 과일이나 채소에 들어있는 수분은 풍부한 영양소와 항산화 물질들도 함유하고 있으므로 디톡스에 더욱 효과적입니다.

Q 디톡스에 도움 되는 미네랄과 비타민은 어떻게 섭취해야 하나요?

A 비타민과 미네랄은 면역력 증진과 해독기능 정상화에 중요한 역할을 하므로 적정량을 섭취하는 것이 좋습니다. 단, 미네랄과 비타민 본연의 효과를 얻기 위해서는 천연 성분으로 된 것을 섭취하는 것이 좋습니다.

천연 미네랄과 천연 비타민은 채소와, 과일, 곡물에 함유되어 있는 성분입니다. 그런데 가공식품이나 건강기능식품에 들어있는 비타민과 미네랄에는 천연이 아닌 합성 미네랄과 비타민도 있습니다. 합성 미네랄과 비타민은 근본적으로는 석유 화합물로 만드는 것으로, 분자구조만 보면 천연 미네랄, 비타민과 같지만, 알고 보면 큰 차이가 있습니다.

가장 큰 차이는 합성 미네랄과 비타민의 경우 장기간 섭취했을 때 오히려 영향 결핍을 초래할 수 있다는 점입니다. 그 이유는 합성 제품의 경우 천연 제품과 달리 보조적인 요소들이 없다 보니 소화와 대사 과정에서 인체의 보조 요소들을 소모시키기 때문입니다. 그래서 최근 연구들에서는 합성 미네랄과 비타민 제품들의 많은 부작용에 대해 지적하고 있으며, 특히 석유 화합물로 만든다는 점에서 오히려 인체에 독소로 작용할 수 있다고 설명합니다.

따라서 면역력 향상과 해독기능 증진을 위해 섭취하는 미네랄과 비타민은 과일, 채소, 곡식을 통해 자연 그대로 섭취하고, 보조적으로 시중의 제품을 선택할 때는 반드시 천연 성분으로 만들어진 것인지를 선택하는 것이 좋습니다.

Q 몸속에서 독소로 작용하는 활성산소를 줄이기 위해서는 어떻게 해야 하나요?

A 체내 활성산소를 줄일 수 있는 가장 중요한 수칙은 동물성 지방이 많은 육류와 가공식품, 식품첨가물이 든 음식을 줄이고 그 대신 채소와 과일 섭취를 늘이는 것입니다. 제철 과일과 채소에는 천연 비타민, 미네랄, 그리고 대표적인 항산화 물질인 카테킨과 폴리페놀이 풍부하게 함유되어 있어 체내 활성산소를 줄이고 산성인 신체를 약알칼리성으로 바꾸는 데 도움이 됩니다.

또한 가공을 많이 하거나 기름에 튀기거나 태울수록 활성산소가 많아지므로, 가공을 적게 한 음식, 기름에 조리하기보다는 삶거나 찐 음식을 먹는 것이 좋습니다.

활성산소를 늘리는 해로운 식습관의 대표적인 것은 바로 과식입니다. 따라서 약간 모자란 듯이 소식하는 습관을 갖고, 과식, 과음, 폭식, 야식 등의 식습관을 서서히 줄여나가도록 합니다.

적정량의 규칙적인 운동은 디톡스를 위해 필수적이지만, 자신의 체력에 맞지 않는 과도한 운동은 몸속에 활성산소를 증가시키므로 주의하도록 합니다. 무엇보다 심리적인 스트레스야말로 활성산소를 생성하고 면역력을 약화시키며 만병을 키우는 주범이므로, 스트레스를 해소할 수 있는 자신만의 방법을 찾아 실천하도록 합니다.

Q 장 디톡스를 위해 장내 유익균을 늘이려면 어떻게 해야 하나요?

A 인간의 대장에는 유익균과 유해균이 일정한 비율을 유지하며 공존하고 있습니다. 유익균은 해독을 도와주지만 유해균은 해독을 방해하고 독소를 만들어내는 미생물입니다. 이때 해독 기능 저하로 인해 장내 유해균 비율이 비정상적으로 높아질 경우 각종 만성 질환은 물론이고 암과 치매 같은 치명적인 난치성 질병에 걸릴 위험도 높아집니다. 따라서 장내 유익균이 부족해지지 않도록 식습관과 생활습관을 유지하는 것이 중요한데, 이를 위해서는 제일 먼저 육식의 섭취를 줄이는 것이 좋습니다.

동물성 단백질 보충을 위해 어느 정도의 육류를 섭취하는 것은 좋지만, 문제는 최근 한국인들의 평균적인 육류 섭취량이 필요 이상으로 많다는 점입니다. 과도한 육류 섭취를 할 경우, 육류에 있는 단백질이 장내에 존재하고 있는 유해균에 의해 발암물질인 독소로 변화하게 됩니다. 그래서 고기를 많이 먹을수록 장내 미생물의 균형이 깨져 장에 독소가 많이 쌓인다고 하는 것입니다.

따라서 장 해독을 위해서는 육류를 줄이고 채소와 과일 섭취를 대폭 늘리며, 특히 된장, 김치를 비롯해 유산균이 많이 들어있는 천연 발효음식을 많이 섭취하는 것이 좋습니다. 발효음식 속의 천연 유산균은 장내 유익균을 활성화시켜 독소를 제거하고 체내 염증을 줄이는 데 필수적입니다.

약과 병원에 의존하지 않고도
건강하게 살 수 있다

현대인은 크고 작은 수많은 질병에 시달리며 살고 있다. 너무 흔해진 나머지 간과하고 지나치는 만성피로 증후군을 비롯해, 불면증, 위장장애, 복통과 변비, 피부질환, 통증 등 우리를 괴롭히는 다양한 증세들에는 특이한 공통점이 있다. 그것은 바로 '원인 불명' 그리고 '만성'이라는 꼬리표를 달고 있다는 점이다.

지금 당장 생명을 위협할 정도의 질환이 아니라는 점에서 이들 만성 질환은 흔히 방치되거나 무시되는 경우가 많다. 그래서 분명히 불편하고 삶의 질을 떨어뜨리며 건강하지 않은 상태라는 것을 알면서도 '스트레스 때문에', '원래 항상 그래서'라는 이유로 병을 키우며 치유를 미루기도 한다. 더구나 병원에 가서 진단을 받는다 하더라도 예컨대 '스트레스성이다', '신경성이다', '원인이 분명하지는 않다'라는 말을 듣게 되니, 당장 자신의 몸을 돌아보고 치유할 생각을 하지 못하는 것이다.

그러나 아무리 위급하지 않고 만성화되었다 하더라도 이 모든 증세들은 우리 몸에 장기간 독소가 쌓여왔다는 명백한 증거들이다. 이것이 통증이나 불편감으로, 면역력 저하로, 피로감으로 나타났다면 그것은 이미 우리 몸속에 쌓인 독소가 포화상태가 되어, 더 이상 방치하다가는 곧 심각한 질병에 걸릴 수 있거나 이미 걸려 있음을 알리는 신호이다.

이 책은 많은 사람들이 시달리는 크고 작은 질병과 질환을 독소라는 키워드를 통해 해결의 실마리를 제공하고자 쓴 책이다. 현대인을 위협하는 독소는 음식부터 공기에 이르기까지 워낙 광범위하여 독소로부터 자유로울 수 없는 사람은 없을 것이다. 그러나 이 책에서 소개한 실용적인 정보를 통해 독소의 정체를 똑바로 알고 디톡스를 생활화하는 습관을 들인다면 얼마든지 약과 병원에 의존하지 않고도 건강하고 균형 잡힌 심신을 되찾을 수 있을 것이다.

참고도서

●

디톡스, 내 몸을 살린다/김윤선 지음

반갑다 호전반응/정용준 지음

독소의 습격, 해독 혁명/EBS〈해독, 몸의 복수〉지음

비우고 낮추면 반드시 낫는다/전홍준 지음

내 몸을 살리는 해독/ 해독한의원 지음

자연의학 아유르베다/데이비드 프로롤리 수바슈라나데 지음/황지현 옮김

노화와 질병/레이 커즈와일 테리 그로스만 지음/ 정병선 옮김

헬스조선 3월, 5월호 /(주)헬스조선

매일경제 헬스&라이프/2015년 11월11일자 신문

국민건강보험공단 통권146호

약보다 디톡스

초판 1쇄 인쇄	2017년 12월 02일	**7쇄** 발행	2020년 08월 10일
5쇄 발행	2018년 08월 20일	**8쇄** 발행	2021년 04월 12일
6쇄 발행	2019년 06월 25일		

지은이	조윤정
발행인	이용길
발행처	**모아북스** MOABOOKS

관리	양성인
디자인	이룸

출판등록번호	제 10-1857호
등록일자	1999. 11. 15
등록된 곳	경기도 고양시 일산동구 호수로(백석동) 358-25 동문타워 2차 519호
대표 전화	0505-627-9784
팩스	031-902-5236
홈페이지	www.moabooks.com
이메일	moabooks@hanmail.net
ISBN	979-11-5849-058-4 03570

모아북스 MOABOOKS 는 독자 여러분의 다양한 원고를 기다리고 있습니다.
(보내실 곳 : moabooks@hanmail.net)

암에 걸려도 살 수 있다

'난치성 질환에 치료혁명의 기적' 통합치료의 선두 주자인 조기용 박사는 지금껏 2만 여명의 암환자들을 통해 암의 완치라는 기적 아닌 기적을 경험한 바 있으며, 통합요법을 통해 몸 구조와 생활습관을 동시에 바로잡는 장기적인 자연면역재생요법으로 의학계에 새바람을 몰고 있다.

조기용 지음 | 255쪽 | 값 15,000원

암에 걸린 지금이 행복합니다

대한민국 국민들의 3명중 1명이 걸린다는 현대인의 무서운 질병 '암' 이야기를 통해 많은 암 환자들에게 '살 수 있다' 는 희망의 메시지를 전하고 진단 과정부터 치료 과정까지 '하지 말아야 할 것'과 '반드시 해야 할 것'을 전달함으로써 암 치료를 위한 똑똑하고 현명한 대처 방안을 제시한다.

곽희정 · 이형복 지음 | 246쪽 | 값 15,000원

공복과 절식

최근 식이요법과 비만에 대한 잘못된 지식이 다양한 위험을 불러오고 있다. 이 책은 최근 유행의 바람을 몰고 온 1일 1식과 1일 2식, 1일 5식을 상세히 살펴보는 동시에 식사요법을 하기 전에 반드시 알아야 할 위험성과 원칙들을 소개하고 있다.

양우원 지음 | 274쪽 | 값 14,000원

먹지 않고 힘들게 살을 빼는
혹독한 다이어트는 이제 그만!
다이어트 정석은 잊어라

살을 빼기 위해서 적게 먹는 혹독한 다이어트로 인해 발생하는 문제점과 지금까지 다이어트가 실패할 수밖에 없었던 원인을 밝힌다. 이 책은 해독 요법만큼 원천적이고 훌륭한 다이어트는 없다는 점을 강조하는 동시에, 균형 잡힌 식습관을 위해서는 일상 속에서 무엇을 알아야 하는지를 상세하게 설명하고 있다.

이준숙 지음 | 152쪽 | 값 7,500원

우리 가족의 건강을 지키는
최고의 방법 내 병은 내가 고친다!
질병은 치료할 수 있다

50년간 전국 방방곡곡에서 자료 수집 후 효과를 검증받아 쉽게 활용할 수 있는 가정 민간요법 백과서이며 KBS, MBC 민간요법 프로그램 진행 후 각종 언론을 통해 화제가 되기도 하였다.

구본홍 지음 | 240쪽 | 값 12,000원

자연치유 전문가 정용준 약사의
노니건강법

노니에 대한 성분과 기능에 대해 설명하고 있다. 또한 국내에서 노니가 적용될 수 있는 다양한 질병 등을 소개하고 실생활에서 노니를 활용한 건강법을 안내한다.

정용준 지음 | 156쪽 | 값 12,000원

톡톡튀는 질병 한 방에 해결

인체를 망가뜨리는 환경호르몬, 형광물질로 얼룩진 화장지, 방부제의 위협을 모르는 채 매일 먹고있는 빵, 배불리 먹는 만큼 활성산소의 두려움에 떨어야만 하는 우리 몸의 그늘진 상처를 과감히 파헤치고 있다.

우한곤 지음 | 278쪽 | 값 14,000원

건강의 재발견 벗겨봐

지금까지 믿고 있던 건강 지식이 모두 거짓이라면 당신은 어떻게 하겠는가? 이 책은 건강을 위협하는 대중적인 의학적 맹신의 실체와 함께 잘못된 건강 정보에 대해 사실을 밝히고 있다.

김용범 지음 | 275쪽 | 값 13,000원

현대의학으로 증명된
김치유산균

미국 건강잡지〈헬스 매거진〉에서 세계5대 건강식품으로 소개된 김치!
한때 김치는 냄새와 맛 등으로 외국인들에게 거부감을 주는 음식이지만 김치유산균에 들어있는 유산균이 다른 발효음식을 능가하는 풍부하고도 다양한 효능으로 조명 받고 있다.

신현재 지음 | 120쪽 | 값 7,500원

진정한 건강 식단은
'개인별 맞춤식 식단' 에서 시작된다
한국인의 체질에 맞는 약선밥상

한국 전통 약선의 기본적인 주요 개괄을 설명하는
동시에 이를 실생활에 응용할 수 있도록 했다. 우리
가 현재 먹고 있는 밥상이 얼마나 건강한 것인지,
나와 내 가족에게 얼마나 적합한 것인지 고민하는
모든 분들께 이 책이 작고 큰 도움을 제공할 것이다

김윤선 · 이영종 지음 | 216쪽 | 값 11,000원

효소 건강법

당신의 병이 낫지 않는 진짜 이유는 무엇일까?
병원, 의사에게 벗어나 내 몸을 살리는 효소 건강법
에 주목하라! 효소는 우리 몸의 건강을 위해 반드시
필요한 생명 물질이다. 이 책은 효소를 낭비하는 현
대인의 생활습관과 식습관을 짚어보고 이를 교정
함으로써 하늘이 내린 수명, 즉 천수를 건강하게 누
리는 새로운 방법을 제시하고 있다.

임성은 지음 | 264쪽 | 값 12,000원

20년 젊어지는 비법 1, 2

한국인들의 사망률 1,2위를 차지하는 암과 심장질
환은 물론 비만, 제2형 당뇨, 대사증후군, 과민성대
장증상 등 각종 질병에 대한 치료정보를 제공, 스스
로가 자신의 질병을 치유하고 노화를 저지하여 무
병장수하도록 평생건강관리법의 활용방법을 제시
하고 있다.

우병호 지음 | 1권:380쪽, 2권:392쪽 | 값 각권 15,000원